약용식물을 이용한

천연화장품 이해

NATURAL COSMETIC WITH MEDICINAL PLANTS

이인아 지음

자유아카데미

머리말

현대인들에게 화장은 자신을 표현하는 중요한 수단으로 여겨지며 이와 관련된 산업들이 꾸준한 성장을 하고 있다. 특히 화장이란 개념이 꾸미기만 하는 것에서 건강까지 고려하는 경우가 많아져서 천연물 중 약용식물을 사용하여 화장품 소재로 사용하려는 경향성이 커지고 있다. 약용식물은 사람들이 오랫동안 식용이나 약제로 사용해 온 물질들이기 때문에 거부감이 적고 친화적이다.

본 교재의 구성은 크게 화장품 산업을 시작으로 화장품에 대한 전반적인 내용으로 이루어져 있으며, 화장품을 제조하는 레시피와 약용식물을 다루고 있다. 전반부에는 화장품의 역사와 더불어 화장품 연구의 기본이 되는 원료 및 이론을 설명한다. 중, 후반부에는 약용식물을 화장품 원료로 사용하는 제조 방법을 학습하고 개발 과정을 이해하여, 실제로 약용식물을 원료로 화장품을 제조해 볼 수 있는 기회를 제공하고자 한다.

최대한 오류가 없도록 노력하였으나, 부족한 점이 있을 수 있다. 이 점은 독자 여러분의 양해를 구하며, 출간 후에라도 수정 사항이 있을 경우에는 자유아카데미 홈페이지(www.freeaca.com) 자료실에 제공할 예정이다.

끝으로, 본 교재가 학생들이 화장품 제조 및 개발과정을 이해하는 데 도움이 되기를 기대하며, 교재에 포함되어 있는 다양한 정보를 이용하여 새로운 화장품을 구상하고 개발하기를 꿈꿔보기 바란다.

2023년 8월 저자

차례

제6장 천연화장품 제조 95

제7장 약용식물 105

제1장

화장품의 역사와 개요

1. 아름다움을 꿈꾼 조선 시대

우리나라가 언제부터 화장품을 처음 사용했는지는 정확히 알 수 없다. 그러나 화장품의 사용은 조선 시대부터 시작되었다는 기록이 있다. 조선 시대의 화장품은 자연에서 추출한 식물유래 성분으로 만든 것이 대부분이었으며, 사용한 원료의 예로는 백합, 녹차, 석류 등이 있다. 그러나 당시에는 보습이나 자외선 차단 등의 기능이 강조되지 않았고, 대부분 미용 목적으로 사용되었다. 이후 조선 후기부터 미용을 위한 화장품 사용이 보편화되면서 일부 부유층은 외모 관리에 많은 돈을 투자하기도 했다. 이러한 역사적 배경을 감안할 때 화장품은 한반도에서 아주 오랫동안 사용되어 왔다고 할 수 있다.

조선 시대의 대표적인 화장품 중 하나로는 '화보'가 있다. 화보는 백합꽃, 낙엽, 암초 등을 이용해 제작된 미용용 액체였으며 얼굴에 바르면 피부를 화사하고 매끄럽게 만들어주는 효과가 있었다. '향로'라는 화장품도 사용하였는데, 향로는 향을 담은 작은 병으로 수족관처럼 물속에 떠다니는 형태로 만들어졌다. 향로에는 화초나 향수 등을 넣어 향기를 맡는 용도로 사용되었다. 따라서 우리나라 최초의 화장품은 정확히 알려져 있지 않지만 조선 시대부터 사용되어 온 식물성 원료를 이용한 화장품이 그 시초라고 볼 수 있겠다.

조선 시대 화장품을 가장 많이 사용했던 계층은 궁중과 양반층이었다. 궁중에서는 화장품의 사용이 일상적이었으며, 특히 왕비와 왕녀, 궁녀들은 외모 관리에 많은 비용과 노력을 투자하였다. 궁중에서 사용한 화장품으로는 '홍반지', '기름진 보습액' 등이 있으며 이 외에도 다양한 종류의 화장품을 사용하였다. 화장품 사용은 양반층에서도 일상화되었으며, 미용을 위해 화장품을 사용하는 데 많은 비용을 투자하였다. 앞서 언급한 화보나 향로와 더불어, '기름발효액' 등의 다양한 화장품이 양반층에서 사용되었다. 반면 일반 백성층에서의 화장품 사용은 그리 흔하지 않았다. 일부 부유한 상인들은 화장품을 사용하려고 시도했지만 대부분은 미용을 위해 다른 방법을 사용하였다. 즉, 조선 시대에 화장품의 사용에는 계층적인 차이가 있었다고 볼 수 있다.

당시에는 화장품 제조를 전문으로 하는 직업인이 존재하지 않았기 때문에 주로 일반 가정에서 여성들이 직접 화장품을 만들었다. 화장품 제조법은 대개 가족 중 어머니, 이모, 시어머니 등 화장품 제조에 익숙한 사람을 통해 전해 내려왔으며, 여성들은 자신들의 목적에 따라 화장품을 제조하고 제조법을 교류하며 발전시켜 나갔다.

화장품 원료로는 대부분 주변에서 쉽게 구할 수 있는 식물성 원료를 사용하였으며, 대표적인 원료로는 백합꽃, 낙엽, 암초, 굴레나무, 고사리 등이 있다. 이 원료들은 화장품을 만들기 위해 다양한 방법으로 가공되었다. 예를 들어, 백합꽃을 물에 담가서 추출액을 만들고, 그 추출액에 백설 가루를 섞어 미용액을 만들었다. 여성의 경험과 노하우가 화장품 제조법을 전수하는 과정에서 중요한 역할을 담당하였다. 이 전통은 오늘날까지 이어져 왔으며, 전통적인 방법으로 화장품을 제조하는 사람들도 많이 찾아볼 수 있다.

조선 시대에는 왕들도 화장을 하였다. 그러나 화장은 일반적으로 왕궁 내부에서만 이루어졌으며 외부에서는 이루어지지 않았다. 왕들은 상업적인 이유로 피부를 아름답고 건강하게 보이려고 화장을 하기도 했다. 피부 유지를 위해 청색 자기를 발랐던 것이 대표적인 예이다. 청색 자기는 석회와 석회액, 호박껍질 등을 분쇄하여 만든 분말로, 피부에 발라 화사하고 산뜻한 느낌을 유지하는 데 도움을 주었다.

또한 왕들은 화장은 물론 머리를 꾸미고 의복을 착용하는 등 외모 관리에 많은 신경을 썼으며, 이는 왕의 품위를 유지하고 국내외 궁중 문화를 대표하는 모습을 강조하기 위함이었다.

2. 화장품 산업의 발전

근대화 시대(1876~1910년)에는 외국의 문화와 기술이 대거 유입되었고, 이는 화장품에도 영향을 미쳤다. 이때는 수입한 화장품이 많았으며, 유행하는 화장법과 화장품도 대부분 외국에서 유래된 것이었다. 여성용 화장품뿐만 아니라 남성용 화장품도 출시되기 시작한 시기라고 볼 수 있다. 남성들에게는 특히 면도크림, 면도비누, 수분크림 등이 인기를 끌었다. 또한 화장품 소매상들이 등장하여 화장품의 유통경로도 확대되었다. 특히 일본의 식민 지배가 일제 강점기(1910~1945년)로 이어지면서 일본의 화장품 기술이 다수 도입되는 계기가 되었다. 일본 화장품 업체들의 진출로 일본 화장품이 한국에서 대세를 이루기도 하였다. 이후 광고를 통한 마케팅 전략이 발전하면서 화장품 시장은 점차 성장하였다.

일제 강점기에는 화장품 산업이 크게 발전하였다. 일본은 그 전부터 화장품 산업이 발달했기 때문에 일제 강점기에 화장품이 우리나라에 도입되면서 새로운 시장이 형성되었다. 당시 도입되어 발달한 화장품 제조기술로 지금도 사용되고 있는 다양한 화장품이 개발되었다. 립스틱, 파우더, 아이라이너 등 다양한 제품이 생산되었으며, 그중 파우더와 립스틱이 특히 대중적으로 사용되었다.

일제 강점기는 여성들이 다양한 화장법을 찾는 데도 큰 영향을 미쳤다. 일본에서 유행하던 화장법이 한국에 들어와 한국 여성들에게도 인기를 끌었다. 당시 화장품 산업의 발전은 근대적인 여성미의 개념을 형성하는 데 큰 역할을 하였다. 가장 유행했던 화장품은 파우더(powder)와 립스틱(lipstick)이다. 파우더는 일본에서 유래된 제품으로 얼굴의 유분을 제거하고 피부의 윤기를 제거하며 메이크업의 지속력을 높여주는 효과가 있어 인기를 얻었다. 또 밝고 깨끗한 피부톤을 만들어주는 기능도 있었다. 파우더는 일제 강점기부터 한국 여성들 사이에서 널리 사용되었으며 지금도 많은 여성의 사랑을 받고 있다. 립스틱은 입술의 색상을 변경해주는 제품으로 일제 강점기에는 밝은색의 립스틱이 유행하여 한국 여성들 사이에서도 널리 사용되었다. 특히 한국 전통문화에서 중요한 위치를 차지한 색 중 하나인 빨간색의 립스틱이 유행했다.

일제 강점기에 유행했던 파우더는 대부분 탈지 분말(pulverization of fatty substance)을 기본 원료로 만들어졌다. 탈지 분말은 동물성 또는 식물성 기름을 불에 태우거나 증기로 증류하여 얻은 분말로, 피부에 산성인 유사한 성분으로 덮여 더 이상의 기름분은 제거하면서도 수분을 유지시키는 역할을 한다. 탈지 분말 외에 백색 점토나 탈황된 황, 비료나 염료 등을 사용하여 파우더를 만들기도 하였다. 이러한 원료를 사용한 파우더는 피부의 유분 조절, 각질 제거, 수분 보충 등 다양한 효능이 있어 당시 많은 여성에게 사랑받았다.

일제 강점기에 유행했던 립스틱은 주로 붉은 색소와 백색 산, 동물성 및 식물성 기름, 밀가루, 밀크, 베이스 등을 혼합하여 만들었다. 일본에서는 이미 이전부터 립스틱이 유행하던 시기였기 때문에, 일제 강점기에 일본의 기술을 도입하여 한국에서 립스틱을 생산하였다. 당시 일본에서 생산되는 립스틱은 대부분 석유계 원료를 사용하였기 때문에 이러한 원료가 한국에 도입되어 생산이 이루어졌다. 꽃잎 등을 사용하여 색소를 만들기도 하였으며, 이 색소들은 밝고 아름다운 색상을 띄었다. 그러나 이러한 방식은 일정한 품질과 효과를 보장하기가 어려워서, 대부분 산업화된 생산 방식으로 립스틱을 생산하였다.

우리나라 최초의 화장품은 1922년에 첫선을 보인 박가분(朴家粉)이었다. 박가분은 현 두산 그룹을 창립한 박두병의 선친인 박승직이 제조한 것으로, 일제강점기인 1916년에 상표 등록하여 판매를 시작한 1920년경부터 1930년대 초까지 선풍적인 인기를 끌었다. 그러나 1930년대 말부터 일제 화장품의 대거 유입과 화장품 내 납의 유독성 문제로 인해 1937년에 자진 폐업하였다. 1930년대 말에는 문영수의 태양이화학(太陽理化學) 피카몬드 향수, 김동엽의 동방 화학 에러나 화장품, 임성환의 동보 화학 동보 구리무 등의 화장품 회사가 설립되었다.

이 시기에 1930년대에 태평양화학을 창설한 서성환의 부친 서대근이 구리무 등을 제조해 판매하였는데, 장사가 잘되자 창성당(昌盛堂)이라는 이름을 썼고 영어

이름은 태평양을 사용하였다. 1940년대 초에는 개성 고려 백화점에 화장품부를 개설할 만큼 사업이 번창하였으며, 우리나라 최초의 화장품 생산 회사인 '태평양화학공업사'의 전신이 되었다.

3. K-뷰티의 시작

1950년대에는 대한민국 최초의 화장품 제조업체인 태평양화학공업사(현 아모레퍼시픽)와 락희화학공업사(현 LG생활건강) 등이 창업되었다. 이후에는 매년 매출과 세품 라인업이 성장하며, 대한민국 화장품 산업은 꾸준히 발전해 왔다. 1960년대에는 광고 산업과 화장품 판매 전략의 발전으로 화장품 시장이 더욱 활성화되었다. 이때부터는 화장품을 마케팅 전략으로 이용하여 대중에게 홍보하면서, 소비자들이 더 많은 관심을 가지게 되었다. 1970년대에는 미용 사업을 주로 영위하던 소규모 업체들이 대량 생산을 시작하며, 화장품 시장이 더욱 다양해졌다. 이 시기에는 화장품 제조 기술도 발전하면서, 다양한 신제품도 출시되었다. 그 이후로는 대기업들의 투자와 지속적인 연구 개발로 한국 화장품 산업은 세계적인 수준까지 성장하게 되었다. 특히, K-뷰티라는 용어가 만들어지면서 한국 화장품 산업은 글로벌 시장에서 대담하게 떠오르고 있나.

태평양화학공업사와 락희화학공업사는 모두 대한민국에서 대표적인 화장품 기업으로 발전해온 역사가 있다. 태평양화학공업사는 1945년 8월에 창립된 회사로, 광복 이후 국내 최초의 화장품 생산 기업으로 꼽힌다. 처음에는 서성환 대표가 직접 화장품을 만들어 판매했으며, 나중에는 기업으로 발전하여 여러 브랜드를 출시하였다. 반면, 락희화학공업사는 1947년 1월에 창립된 회사로, 대한민국의 대표적인 화장품 기업 중 하나이다. 처음에는 구인회 대표가 직접 화장품을 만들어 판매하였으며, 나중에는 기업으로 발전하여 여러 브랜드를 출시하였다. 두 회사 모두 근대 이후 국내 화장품 시장을 대표하는 기업으로 성장하였으며, 현재까지도 국내외에서 다양한 제품을 출시하여 많은 소비자로부터 사랑을 받고 있다.

태평양화학공업사는 1945년에 창립된 대한민국 최초의 화장품 제조기업 중 하나로, 국내 화장품 시장을 선도하며 성장하였다. 태평양화학공업사는 처음에는 일본 제품의 가공 업체로 시작하였으나, 1946년 국내에서 최초로 판매되는 화장품인 '꽃담'을 출시하면서 본격적인 화장품 제조사로 발전하였다. 그 후에는 '파리모드', '파리유' 등 다양한 브랜드를 출시하면서 국내 화장품 시장에서 선두에 서게 되었다.

태평양화학공업사는 기존에는 중국에서 수입한 천연 원료를 사용하여 제품을 제조하였지만, 1950년대부터는 국내 원료를 사용한 제품 개발에도 역점을 두었다. 이러한 노력 덕분에 대한민국 화장품 산업이 대대적으로 성장하면서, 태평양화학공업사도 함께 큰 발전을 이루었다. 현재 태평양화학공업사은 '오랄티', '더페이스샵', '네이처리퍼블릭', '베리에듀' 등 다양한 브랜드를 보유하고 있으며, 국내외에서 화장품 시장을 선도하고 있다. 이제는 아모레퍼시픽 그룹의 일원으로, 아모레퍼시픽(AMOREPACIFIC)이라는 회사명으로 운영되고 있다.

아모레퍼시픽은 대한민국을 대표하는 화장품 기업 중 하나로, 미용, 건강식품 등 다양한 분야에서 제품을 생산하고 판매하고 있다. 아모레퍼시픽은 1945년에 설립된 한국의 화장품 기업이다. 처음에는 국내 시장에서 대나무 화장품을 생산하여 판매하다가 1954년부터는 미국의 군사 기지를 대상으로 제품을 판매하면서 수출 사업도 시작하였다. 그리고 1964년, 대한민국 최초의 화장품 브랜드 '오모레나'를 출시하며, 아모레퍼시픽의 브랜드 역사가 시작되었다. 이후 1970년대부터는 수출을 중심으로 해외시장에 진출하면서 아모레퍼시픽의 글로벌 브랜드화가 진행되었다. 1990년대부터는 미국의 클리닉과 합작하여 '클리닉' 브랜드를 출시하고, 그 이후로는 '에스티로더'와 '클리닉' 등 미국의 유수한 화장품 브랜드를 수입하여 국내에서 유통하고 있다. 1979년부터는 자사 브랜드인 '아모레'를 출시하였고, 이후로 '라네즈(Laneige)', '마몽드(Mamonde)', '이니스프리(Innisfree)', '에스쁘아(espoir)' 등의 브랜드를 선보이며 성장해왔다. 현재는 전 세계 15개국에서 30개 브랜드를 운영하고 있으며, 글로벌 화장품 기업으로 성장하여 앞으로도 세계적인 기업으로 발전할 것으로 기대되고 있다.

락희화학공업사는 현재 LG생활건강으로 알려진 대한민국의 생활용품 제조업체로, 다양한 분야에서 활동하고 있는 기업이다. 락희화학공업사의 대표 브랜드 변천사는 다음과 같다.

- 라온제나(1947년): 락희화학공업사 최초의 화장품 브랜드
- 라온(1964년): 라온제나를 개선하여 출시한 신개념 화장품 브랜드
- 모나리자(1983년): 여성들의 감성을 중시한 제품 라인업을 선보인 브랜드
- 이니스프리(2000년): 천연 원료를 활용한 제품 라인업을 선보인 대표적인 브랜드
- 미쟝센(2001년): 헤어케어 제품 중심으로 다양한 제품 라인업을 갖춘 브랜드
- 블랙몬스터(2013년): 남성을 대상으로 한 제품 라인업을 선보인 브랜드
- 베리떼(2014년): 스무디 컨셉의 라이프스타일 브랜드로 성장하고 있다.

이처럼 락희화학공업사(현 LG 생활건강)는 다양한 브랜드를 출시하여 꾸준한 성장을 이루고 있다.

4. 화장품의 놀라운 발전

현대 화장품은 광고, 마케팅, 기술, 원료 등 다양한 분야에서 발전하고 있다. 대표적으로는 다음과 같은 발전 분야가 있다.

- **과학기술의 발전**: 화장품의 기능성이 강화되면서 원료 기술과 제조 기술이 발전하였다. 특히, 생화학 분야의 기술 발전으로 새로운 화장품 원료를 개발하는 데 큰 역할을 하고 있다.
- **그룹화와 전문화**: 대형 화장품 기업들이 물류와 생산 등을 통합하면서 경쟁력을 확보하였고, 브랜드와 제품군별로 전문화되어 다양한 시장을 공략하고 있다.
- **글로벌 마케팅**: 대규모 광고 캠페인과 유명인사 모델을 활용한 마케팅 전략, 지역별 맞춤형 제품 개발 등을 통해 글로벌 시장에서 경쟁력을 유지하고 있다.
- **친환경, 천연성 강조**: 환경보호와 소비자 건강에 대한 관심이 증가함에 따라 친환경적이고 천연성이 강조된 제품들이 인기를 얻고 있다.
- **스마트 화장품**: 인공지능(AI), 사물인터넷(IoT) 등의 기술을 접목하여 피부 진단과 맞춤형 스킨케어 솔루션을 제공하는 스마트 화장품도 등장하고 있다.

대한민국 화장품 산업이 발전하는 데 크게 이바지한 요소는 다음과 같다.

- **한국적인 뷰티 트렌드**: 대한민국의 화장품 산업은 국내 소비자들의 뷰티 트렌드에 부합하도록 다양한 제품을 출시하였다. 특히, 한국인들의 피부 관리와 메이크업 방식은 다른 나라와는 매우 차별화된 것으로 알려져 있다. 이러한 특징을 파악하고 제품을 출시하여 소비자들의 수요에 부응하면서 성장할 수 있었다.
- **소비자 수요 증가**: 미용과 피부 관리에 대한 관심이 높아지면서, 화장품 소비가 늘어났다. 또한, 인구 구조의 변화로 인해 노년층의 증가하면서 노화에 대한 관심이 높아졌고, 이에 따라 노화 방지 화장품 등의 수요도 증가하고 있다.
- **연구 개발**: 대한민국 화장품 산업은 꾸준한 연구 개발 노력을 통해 기술적인 발전을 이루었다. 새로운 원료와 기술을 도입하고, 제품의 성능과 안전성을 높여 소비자들의 신뢰를 얻을 수 있었다. 특히, 한국은 다양한 천연 원료가 풍부하며, 이를 활용하여 안전하고 효과적인 제품을 만들어내는 데 성공하고 있다.
- **해외 진출**: 대한민국 화장품 산업은 해외 시장으로의 진출을 통해 성장하였다. 특히, 한류 열풍에 따른 글로벌 인기 상승으로 인해 해외 시장에서의 수요가 크게 증가하면서 성장의 원동력이 되었다.
- **정부 정책의 지원**: 대한민국 정부는 화장품 산업의 발전을 적극적으로 지원하고 있다. 화장품 산업에 대한 연구개발 지원, 해외 진출을 위한 지원, 인프라 구축 등을 통해 산업 발전을 지원하고 있다.

이러한 요소들이 결합하여 대한민국 화장품 산업이 발전하는 데 큰 역할을 하였다고 볼 수 있다.

5. 화장품의 종류

본격적으로 화장품의 원료 및 약용 식물 등을 공부하기에 앞서, 화장품 산업 일반에서 사용하는 화장품의 종류 및 분류에 대해 알아 둘 필요가 있다. 화장품에는 다양한 종류가 있으며, 아래와 같이 분류된다.

- **스킨케어 제품**: 피부를 촉촉하게 하거나 수분을 공급하는 등 피부 상태를 개선하기 위한 제품이다. 스킨 토너, 로션, 에센스, 세럼, 크림, 마스크 등이 있다.

- **메이크업 제품**: 피부 상태 개선보다는 피부를 덮거나 꾸미는 역할을 한다. 파운데이션, 립스틱, 아이쉐도우, 블러셔, 마스카라 등이 있다.
- **향수**: 향기를 뿜어내는 제품으로, 일상생활에서 사용된다.
- **바디 케어 제품**: 몸의 피부를 보호하고 케어하는 제품으로, 바디 워시, 바디 로션, 바디 오일, 핸드 크림 등이 있다.
- **헤어 케어 제품**: 머리카락을 보호하고 건강한 상태로 유지하는 제품으로, 샴푸, 컨디셔너, 헤어 오일, 헤어 스프레이 등이 있다.
- **네일 케어 제품**: 손톱과 발톱을 보호하고 케어하는 제품으로, 매니큐어, 페디큐어, 네일 리무버, 네일 케어 오일 등이 있다.

이 외에도 자외선 차단제, 립밤, 아이라이너, 립글로스, 액세서리 등 다양한 화장품 제품이 있다.

6. 스킨케어 제품의 일반적인 성분

스킨케어 제품의 일반적인 성분은 다양하지만, 아래와 같은 성분이 많이 사용된다.

(1) 글리세린

보습 성분으로 알려져 있으며, 피부를 촉촉하게 하고 유연하게 한다. 글리세린은 세 개의 올리고당 분자가 에스터 결합으로 결합한 세방 삼알코올이다. 프로필렌 글리콜, 1,2,3-프로판트라이올 등으로도 불리며, 화학식은 $C_3H_8O_3$이다.

글리세린은 무색무취의 밀도가 높은 시럽상의 액체이며, 물과 쉽게 섞인다. 알코올성 물질이기 때문에 산성 또는 염기성 용액에서도 쉽게 녹는다. 글리세린은 보습제로 사용되며, 피부에 적용하면 피부 내부에서 수분을 유지하는 역할을 한다. 이러한 특성 때문에 스킨케어 제품에 널리 사용되는 것이다. 또한, 글리세린은 의약품, 식품, 화장품 등 다양한 산업에서도 사용된다. 글리세린은 물과 함께 사용할 경우 수분 유지 효과가 더욱 좋아지므로, 여러 제품에서 유용하다. 하지만 높은 농도로 사용하면 피부에 자극을 줄 수 있기 때문에 적정한 농도를 찾아 사용하는 것이 중요하다.

(2) 알로에 베라

민감한 피부를 진정시키는 효과가 있다. 알로에 베라는 '알로에'라는 식물이 성장할 때 그 잎의 내부에서 나오는, 무색이거나 약한 노란색을 띠는 점액질의 액체이다. 화학적으로는 수분과 함께 다양한 화합물로 이루어진다. 알로에 베라에는 다음과 같은 성분들이 포함되어 있다.

- 다양한 비타민(A, B1, B2, B6, C, E 등)
- 미네랄(칼슘, 마그네슘, 구리, 칼륨 등)
- 아미노산(글루타민, 아스파라진산 등)
- 폴리사카라이드(주로 맨날린)
- 알로인(노란색의 황색촉물)
- 다이옥사아세토페논(화합물로써 물 밖에서는 존재하지 않는다.)

알로에 베라는 피부 진정, 염증 완화, 보습, 항균, 세포재생 등의 효능으로 잘 알려져 있어 스킨케어 제품에서 다양하게 활용되고 있다. 또한, 알로에 베라의 주성분인 폴리사카라이드는 피부 손상을 예방하고 수분을 보존하는 역할도 한다. 알로에 베라는 비교적 부작용이 적고 안전한 식물성 성분으로, 스킨케어 제품뿐만 아니라 의약품, 음료, 화장품 등 다양한 분야에서도 사용된다.

(3) 히알루론산

피부 내부의 수분을 채워주어 건강한 피부를 유지하는 데 도움을 준다. 히알루론산은 매우 긴 선형 다당류 분자로, 당분 분류에서는 글루코사미노글라이칸(GAG) 중 하나이다. 다당류 분자로 분류되지만, 산업적으로는 폴리머로 분류된다. 화학적으로는 반복 단위가 D-글루코랑 D-글루코사민이 결합된 베타-1,3-글루코사민-베타-1,4-글루코사민의 반복 단위로 이루어진 고분자라고 할 수 있다.

히알루론산은 세포 주변 기질에서 많이 발견되며, 동물 조직에서 특히 많이 나타난다. 또한, 피부와 결합 조직 등에도 많이 존재한다. 히알루론산은 자체적으로 수분을 보유하는 능력이 높으며, 습도가 낮아지면 수분을 유지할 수 없어 습도 조절기능을 가지고 있다. 또한, 히알루론산은 점도가 높아서 유기적인 분자와 결합력이 높고, 알칼리성 물질에 강하게 결합하기 때문에 보습력을 강화하는 데 도움을 준다.

스킨케어 분야에서는 히알루론산이 보습제로 자주 사용된다. 히알루론산은 피부 내부에서 수분을 유지하는 역할을 하고, 피부에 촉촉한 느낌을 준다. 또한, 히알루론산은 피부를 탄력있게 만들어주는 효과도 있다. 히알루론산은 비교적 안전한 성분으로 알려져 있기 때문에 스킨케어 제품을 비롯한 다양한 제품에서도 널리 사용고 있다.

(4) 비타민 C

피부 탄력을 유지하고 피부 톤을 개선하는 데 효과적이다. 비타민 C(아스코르브산)는 물에 용해되는 비타민 중 하나로, 화학적으로는 표현하면 L-아스코르브산이다. 분자식은 $C_6H_8O_6$이며, 6개의 탄소 원자, 8개의 수소 원자, 6개의 산 소원자로 이루어져 있다. 비타민 C는 대부분의 동물들이 스스로 생산하지 못하기 때문에 식품을 통해 섭취해야 한다.

비타민 C는 물에 용해되기 때문에 체내에서 쉽게 부해되고 배출된다. 또한, 비타민 C는 항산화 작용을 가지고 있어서, 체내에서 발생하는 유해한 자유 라디칼을 제거하여 세포 손상을 방지하는 데 도움을 준다. 비타민 C는 콜라겐 합성에도 중요한 역할을 한다. 콜라겐은 피부, 뼈, 근육 등의 조직을 구성하는 단백질인데, 비타민 C는 콜라겐의 생성에 필요한 아미노산인 프롤린과 리신의 수용체인 형태로 작용하여 콜라겐 생성에 기여한다.

비타민 C의 부족은 체내에서 콜라겐 합성에 영향을 미치고, 체내의 항산화 능력을 저하시킨다. 이는 피부, 뼈, 근육 등의 조직 구성에 영향을 미치며, 체내의 산화 스트레스를 증가시켜 건강 문제를 일으킬 수 있다. 따라서 비타민 C는 권장 섭취량을 충분히 섭취하여 체내에 충분한 양을 유지하는 것이 중요하다.

(5) 산소

산소가 피부에 직접 전달되면 피부 회생력을 높인다. 산소는 화학기호 O로 표기되며, 주기율표상에서 16번 원소에 해당한다. 분자식은 O_2이며, 2개의 산소 원자로 이루어져 있다. 이중 결합을 이루는 형태로 존재하며, 산소 분자라고도 부른다.

산소는 피부의 건강에 매우 중요한 역할을 한다. 피부는 체내에서 산소를 많이 사용하는 조직 중 하나로, 산소는 피부 내부의 세포들이 신진대사를 수행하는 데 필요한 에너지를 생성하는 데 필요하다. 하지만 햇빛, 오염, 스트레스, 나이 등의 요인들은 피부에 산소 공급을 제한할 수 있다. 이러한 요인들로 인해 피부의 세포들은 산소 부족 상태에 놓이며, 이는 피부 조직 손상, 주름, 탄력 저하 등의 피부 문제를 일으킨다. 따라서 산소 공급을 유지하고 산소 부족을 예방하기 위해서는 규칙적인 운동, 건강한 식습관, 적극적인 습관 등이 필요하다. 또한, 피부에 직접 산소를 공급하는 산소 치료(Oxygen Therapy)도 일부 화장품에서 사용된다. 이는 피부 세포들에게 산소를 직접 공급하여 피부 건강을 촉진하고, 미세한 주름 개선과 탄력 증진을 도모하는 것을 목적으로 한다.

(6) 콜라겐

피부 탄력을 유지하고 주름을 개선하는 데 효과적이다. 콜라겐은 동물 조직의 주요한 구성성분 중 하나로서, 주로 피부, 뼈, 근육, 힘줄 등의 조직에서 발견된다. 콜라겐은 섬유구조를 이루며, 세포외 기질에 존재한다.

콜라겐 분자는 꼬리 모양의 세 개의 폴리펩타이드 단위로 이루어진다. 이 폴리펩타이드 단위들은 균일하게 반복되는 아미노산 서열을 가지고 있으며, 이 중에서 가장 풍부한 아미노산은 글리신, 프롤린, 히드록시프롤린이다.

피부에서 콜라겐은 주로 피부의 강력한 구조성분으로 작용한다. 콜라겐 섬유는 피부를 탄력 있게 유지하고 주름이나 탄력 상실을 예방한다. 또한, 피부 조직을 결손부위에서 수리하고, 염증을 억제하며, 상처 치유를 촉진하는 역할을 한다. 하지만 노화, 자외선, 공해, 스트레스 등의 요인들은 콜라겐 분해를 촉진하고, 콜라겐 생성을 억제한다. 이는 피부의 주름, 탄력 상실 등의 문제를 초래할 수 있다. 따라서 적극적인 습관으로 피부를 보호하고, 피부에 필요한 영양소를 섭취하여 콜라겐 생성을 유지하는 것이 중요하다.

(7) 레티놀

주름 개선과 피부 회생력 증진에 효과적인 비타민 A 유도체이다.

(8) 자일로젠

미세한 피부 상처를 회복시키는 데 효과적인 성분으로, 피부 재생과 염증 완화에 도움을 준다.

이외에도 코코넛 오일, 시어 버터, 프로바이오틱스, 그린 티, 니아신아마이드 등 다양한 성분이 스킨케어 제품에 사용된다. 하지만, 제품마다 사용되는 성분의 종류와 함량은 다르기 때문에 제품마다 다르게 작용한다. 따라서 자신의 피부 유형에 맞는 스킨케어 제품을 선택하는 것이 중요하다.

제2장

화장품의 원료

화장품의 성분은 크게 수성 성분과 유성 성분으로 나뉜다. 수성 성분으로는 정제수, 보습제, 고분자 화합물인 점증제, 피막형성제 등이 있으며, 유성 성분으로는 오일, 왁스, 에스터유 등이 있다. 화장품에는 계면 활성제가 사용되는데 기름 성분과 물 성분이 서로 경계면을 밀어내는 힘을 계면 장력이라고 하며, 계면 장력을 0으로 만드는 물질이 계면 활성제이다.

화장품의 원료를 사용목적에 따라 분류하면 유성 원료(oil materials), 계면 활성제(surfactants), 보습제(humectants), 고분자 화합물(polymers), 방부제(preservaives), 색소(coloring matter), 미용첨가제(active agent)등이 있다. 유성 원료는 수분의 증발 억제와 화장품의 사용감 향상을 위해 사용하고, 계면 활성제는 유화, 가용화, 침투, 습윤, 분산, 세정, 윤활, 대전 방지를 위해 사용하는 원료이다. 고분자 화합물은 점도 증가와 피막제로 사용한다. 방부제는 화장품을 사용할 때 공기 중에 노출되어 세균과 곰팡이로 인한 오염을 막고 장기간 사용할 수 있도록 돕는다. 색소는 화장품에 다양한 색을 나타내기 위하여 사용한다. 미용 첨가제로 동물과 식물의 추출물 및 비타민, 자외선 차단제를 사용하며, 이 외에도 산화 방지제, 금속 이온 봉쇄제, 중화제, 향료 등을 사용한다. 화장품의 원료의 조건은 사용목적에 따른 기능이 우수해야 하며, 안전성이 양호해야 한다. 또한 안정성이 우수하고 냄새가 적어야 하며, 품질이 일정하고 법규상 규제가 없는 것을 사용해야 한다.

1. 유성 원료

유성 원료는 크게 유지, 왁스류, 고급 지방산으로 나눌 수 있다. 유지는 지방산과 글리세린의 트라이에스터 C15 이상의 포화 탄화수소이고 상온에서 액상인 것을 오일, 고체인 것을 지방이라고 한다.

오일의 종류에는 식물성 오일, 동물성 오일, 광물성 오일, 합성 오일이 있다. 식물성 오일은 식물의 잎이나 열매에서 추출하며, 냄새는 좋은 편이나 부패하기 쉽고 피부 흡수가 늦다는 단점이 있다. 예로는 월견초유, 로즈힙 오일, 피자마유, 올리브유 등이 있다. 동물성 오일은 동물의 피하조직이나 장기에서 추출하며, 냄새가 좋지 않기 때문에 정제한 것을 사용해야 하지만 피부 친화성이 좋고 흡수가 빠른 장점이 있다. 예로는 밍크오일과 스쿠알렌 등이 있다. 광물성 오일은 석유 등 광물질에서 추출하며, 무색투명하고 냄새가 없으며 피부 흡수가 비교적 좋다. 합성 오일은 화학적으로 합성한 오일로 식물성 오일이나 광물성 오일에 비해 쉽게 변질되지 않으면 사용감이 좋다. 예로는 실리콘 오일과 미리스틴산 아이소프로필 등이 있다.

왁스류는 고형의 유성 성분이고 고급 지방산과 고급 알콜의 에스터로 되어 있으며, 제품의 고형화, 광택, 사용감을 개선할 수 있다. 왁스는 식물성 왁스와 동물성 왁스로 나눌 수 있다. 식물성 왁스는 열대 식물의 잎이나 열매에서 얻어지며 예를 들어 카나우바왁스, 칸델릴라 왁스, 호호바 오일 등이 있다. 동물성 왁스로 벌집과 양모가 있고 밀랍과 라놀린이 대표적인 예이다. 고급 지방산은 일반식 RCOOH(R은 포화 또는 불포화 알킬기) 등으로 표시되는 화합물이고 C(탄소)는 12~18 정도가 짝수로 연결되어 있으며 수산화칼륨(KOH), 수산화나트륨(NaOH), 트리에탄올아민(TEA) 등과 병용하여 유화제로도 사용된다. 지방산은 포화 지방산과 불포화 지방산으로 나눌 수 있다. 포화 지방산은 상온에서 어느 정도 굳기를 나타내는 고체 또는 반고체 상태의 기름이며 동물성 기름, 버터, 쇼트닝, 식물성 기름 등이 있다.

●● **표 1** 포화 지방산의 종류

구조	관용명	탄소 수	주된 소재
HCOOH	개미산	1	
CH_3COOH	아세트산	2	
$CH_3(CH_2)_2COOH$	브틸산	4	버터지방
$CH_3(CH_2)_4COOH$	카프로산	6	야자기름, 팜헥기름
$CH_3(CH_2)_6COOH$	카프릴산	8	야자기름, 팜헥기름
$CH_3(CH_2)_8COOH$	카프루산	10	야자기름
$CH_3(CH_2)_{10}COOH$	라우린산	12	야자기름, 팜헥기름
$CH_3(CH_2)_{12}COOH$	미리스틴산	14	야자기름, 팜헥기름
$CH_3(CH_2)_{14}COOH$	팔미틴산	16	모든 동식물 유지
$CH_3(CH_2)_{16}COOH$	스테아린산	18	모든 동식물 유지
$CH_3(CH_2)_{18}COOH$	아라키딘산	20	땅콩기름
$CH_3(CH_2)_{20}COOH$	비헤닌산	22	땅콩기름
$CH_3(CH_2)_{22}COOH$	리그노세린산	24	땅콩기름
$CH_3(CH_2)_{24}COOH$	세로트산	26	밀랍, 카르나우바왁스
$CH_3(CH_2)_{26}COOH$	몬탄산	28	몬탄납
$CH_3(CH_2)_{28}COOH$	멜리신산	30	밀랍

불포화 지방산은 상온에서 흐름성이 있는 액체 상태의 기름이다. 불포화 지방산은 단일 불포화 지방산과 다가 불포화 지방산으로 구분된다. 단일 불포화 지방산은 올리브유, 땅콩기름, 카놀라유가 있고 다가 불포화 지방산은 오메가-3계 지방산인 생선기름, 들깨기름, 콩이 있고 오메가-6계 지방산은 옥수수유, 면실유, 해바라기유가 있다.

화장품의 원료로 식물에서 추출한 천연 식물성 오일을 넣으면 안전성이 높아지고 피부 친화력도 좋아진다. 이것은 천연 식물성 오일 고유의 보습 기능 때문이다. 비타민과 미네랄을 비롯한 영양 성분도 아름다움 피부를 만드는 데 중요한 기능을 한다. 오일의 선택이 화장품의 성격을 결정한다고 할 만큼 오일은 중요한 재료이다. 따라서 오일의 특성을 이해하고 목적에 맞는 오일을 선택하는 것이 중요하다.

1.1 식물성 오일의 종류

- **식물성 오일**(botanical oil)은 주로 식물의 씨에서 추출되나 그 외에 열매나 줄기 또는 잎에서 추출하는 경우도 있다. 식물성 오일은 냄새는 적으나 산패 등 안정성이 좋지 않아 화장품 용도에 따라 적절한 종류를 선택하여 제조한다.
- **살구씨 오일**은 피부유연작용, 탄력, 청결, 윤기를 유지시킨다. 눈이나 목 주위처럼 섬세하고 민감한 부위에 탁월한 효과가 있으며 클렌징용으로 아주 좋다.
- **피마자 오일**은 보습 기능이 뛰어나 입술이 갈라지거나 건조할 때 유용하게 쓰인다. 로션이나 크림에 첨가할 경우 30% 이내로 사용하는 것이 좋다.
- **코코넛 오일**은 보습 기능이 뛰어나며 천연 화장품을 만들 때 베이스 오일로 사용하기에 적합하다.
- **올리브 오일**은 아토피와 건성 피부를 부드럽게 해준다. 크림이나 로션에 사용할 때는 가장 높은 등급인 엑스트라 버진을 쓰는 것이 좋다.
- **포도씨 오일**은 고농도의 리놀레인산을 함유하고 있어 보습 및 영양 공급에 좋다. 유분이 적어 지성 피부에 사용하면 좋다.
- **호호바 오일**은 보습 기능이 뛰어나며 인체의 피지와 매우 비슷한 성분으로 피부 치료 효과가 탁월하다. 표피를 통해 밖으로 빠져나가는 수분의 손실을 감소시켜서 피부를 윤기 있고 부드럽게 해준다. 모든 피부에 적합하며 모발, 두피, 손톱 건강을 유지하는 데도 좋다. 특히 여드름 피부를 진정시키고 회복시키는 데 뛰어난 효과가 있다.
- **해바라기씨 오일**은 진정 효과를 가지며 여드름을 유발하지 않는 오일이다. 또한 세포의 구성 성분인 레시틴과 비타민 A와 E를 함유하고 있어 노화예방에도 효과적이다. 피부에 보호막을 형성하므로 겨울철에 특히 좋다.
- **스위트아몬드 오일**은 비타민과 미네랄을 다량 함유하고 있다. 아이메이크업 클렌저를 위한 아주 좋은 오일이며 피부를 부드럽게 해주기 때문에 바디 오일로 사용해도 좋으며, 피부 노화 개선에 효과가 있다.
- **윗점 오일**은 단백질, 비타민 B1, 식이섬유 등이 풍부하다. 콜라겐과 엘라스틴의 생성을 촉진시키며, 피부의 노화를 막는다. 건성 피부와 아토피 피부에 탁

월하며 중성피부에도 좋다.

- **동백유**는 끈적임이 없고, 올레인산을 많이 함유하고 있기 때문에 항산화 작용을 한다. 아토피에 치료 효과가 있으며, 크림이나 로션의 사용질감을 높인다. 모발제품을 만들 때에도 많이 사용한다.
- **아보카도 오일**은 단백질, 아미노산, 비타민 A, D, E가 풍부하다. 피부의 수분과 부드러움을 유지시키며 결합조직의 콜라겐을 증가시키고 활성화시켜 피부를 재생시켜주며 극민감성피부와 모발에 좋다.
- **카놀라 오일**은 유채씨에서 추출한 식물성 오일이다. 보습 기능이 뛰어나고 피부 친화력이 높아 화장품의 효능을 증대시킨다.
- **달맞이꽃 오일**에 포함된 감마 리놀레인산은 정상적인 표피 방어막의 기능을 유지시키는 데 필요한 필수지방산의 일종이다. 가려움을 진정시키거나 피부의 상처나 건조를 치유해주는데, 특히 아토피 피부염이나 습진에 큰 효과를 기대할 수 있다.
- **카렌듀라 오일**은 피부손상을 효과적으로 치료할 수 있는 재생 기능과 항염 효과가 있다. 상처나 화상 등을 치료할 수 있고 건조한 피부를 부드럽게 한다.
- **헤이즐넛 오일**은 피부에 잘 스며들며 보습 효과가 뛰어나 모든 피부 타입에 적합하다.
- **홍화씨 오일**은 홍화씨에서 추출하는 오일로 보습 효과가 좋고 리놀렌산이 많이 포함되어 있다.
- **로즈힙 시드 오일**은 건조 피부와 눈간에 적용하면 좋다. 피부의 주름 개선 및 노화 지연에 특히 좋은 오일이다. 오일을 피부에 발라 주거나 크림, 로션 등의 원료로 사용하면 좋다.
- **대마씨 오일**은 대마씨에서 추출한 오일로 건조한 피부 개선에 좋으며, 피부 재생 기능이 뛰어나다.
- **보리지 오일**은 보리지 씨에서 추출한 오일로 피부 재생 기능이 뛰어나 노화된 피부와 손상된 피부에 효과적이다.
- **코코넛 오일**은 필수지방산이 많이 들어 있어 주름 등의 노화 피부와 손상 피부에 좋다. 아보카도 오일과 함께 민감성 피부에 좋다.

- **라놀린**은 양털에서 채취한 왁스의 일종이다. 보습 작용이 매우 뛰어나 건조해서 살이 튼 부위에 매우 효과적이며 습진에도 효능을 보인다. 로션이나 크림에 유화 성분으로 사용되는데, 전체 양의 10% 정도 사용하면 보습 기능을 향상시킬 수 있다.
- **코코아버터**는 피부를 부드럽게 해주지만 매우 단단해서 잘 흡수되지 않는다. 피부에 잘 흡수되는 호호바 오일, 피마자 오일, 올리브 오일, 아보카도 오일 등의 소프트 오일과 반반씩 섞어서 사용하면 좋다.
- **시어버터**는 보습 효과가 매우 뛰어나서 건조한 피부에 직접 발라 주거나 입술용 화장품에 사용하면 좋다. 발이나 바디케어용 화장품에도 사용된다. 햇볕으로부터 피부를 보호해 주는 기능도 한다. 망고버터는 시어버터와 성질이 비슷해 서로 대체가 가능하다. 보습 기능이 우수해 립밤 등의 입술용 화장품에 자주 사용된다.

1.2 동물성 오일의 종류

- **동물성 오일**(animal oil)은 동물의 피하 조직이나 장기에서 용출법을 활용하여 얻는다. 이들은 피부 친화성이 좋아 피부 흡수가 빠르지만 식물성 오일에 비해 냄새와 색 등 변질이 쉬운 단점을 가지고 있어서 특수한 효과를 내기 위해 사용한다.
- **밍크 오일**(mink oil)은 밍크의 피하 지방에서 얻어지며 라놀린과 같이 사람의 피지에 가까운 성분이다. 상처치유효과, 퍼짐성 및 피부 친화성이 양호하며 유연제, 피부 컨디셔닝제, 베이비 오일, 일소용 화장품에 사용된다.
- **스쿠알렌**(squalene)은 주로 심해 상어의 간유에서 추출하며 올리브 오일에서도 얻어진다. 정제가 충분하지 못한 스쿠알렌은 약간의 비린내가 나며 또한 쉽게 산화된다. 그렇기 때문에 스쿠알렌에 수소를 첨가하여 포화 탄화수소로 전환한 스쿠알란($C_{30}H_{62}$)을 사용한다. 스쿠알란은 상온에서 액체 상태를 유지하며, 인체 피지와 유사한 구성으로 피부에 대한 친화성이 높고 안전하며 화학적으로 불활성 오일로서 크림, 밀크 로션 등 기초 화장품에 널리 사용된다. 인체

피지 성분 중 스쿠알란은 12%를 차지한다. 식물성 스쿠알란은 주로 올리브 오일에서 추출한다.

- **난황유(egg yolk oil)**는 계란 노른자에서 얻어지며 레시틴 스테롤, 비타민 A를 함유하고 있다. 피부에 탄력을 부여하며 민감성 피부용 유화제로 사용된다.

1.3 광물성 오일의 종류

- **광물성 오일(mineral oil)**은 대개가 석유에서 얻어지는 오일이다. 광물성 오일은 정제가 쉽고 무색, 무취에 가깝고 잘 변질되지 않는 특징이 있다. 또한 화학적으로 안정하고 유화하기 쉬운 장점이 있어 광범위하게 사용되지만 피부 부작용을 유발할 가능성을 가지고 있다. 그러므로 화장품에서는 광물성 오일을 단독으로는 잘 사용하지 않고 다른 유성 원료와 함께 사용한다.
- **유동 파라핀(liquid paraffin)**은 석유 원유를 300℃ 이상 분별 증류하여 고형 파라핀(solid paraffin)을 제거한 액상의 물질로 '미네랄 오일(mineral oil)'이라고도 한다. 고형의 파라핀보다 탄소 수가 적어 C15~C30의 포화 탄화수소 혼합물이며 상온에서 액체 상태이다. 정제가 용이하며 무색무취로 화학적으로 불활성으로 변질하는 일이 없고 유화가 쉬워 유성 원료로 많이 사용되고 있다.
- 유동 파라핀은 정제 순도에 따라 여드름을 유발할 수 있고 노폐물 제거, 수분 증발억제, 메이크업의 부착성을 높여 준다. 클렌징, 마사지 제품에 많이 사용된다.
- **파라핀(paraffin)**은 고형 파라핀이라고도 하며 융점이 50~70℃로 원유를 증류하여 최종적으로 남은 부분을 진공 증류 또는 용제 분별에 의해 얻는다. 유동 파라핀처럼 무색무취이며 화학적으로 불활성으로 불순물이 존재하면 부작용이 일어날 수 있다. 크림이나 립스틱 등 화장품의 유성 원료 외에 양초나 크레용 등의 원료로 사용된다.
- **페트로라튬(petrolatum)**은 바셀린(vaseline)이라고도 하며 원유를 진공 증류한 후 얻어지는 연고상의 물질을 정제한 반고체상의 화합물이다. 유동 파라핀과 마찬가지로 무색이며 화학적으로 불활성으로 흡착력이 강하며 피부 표면에

막을 형성하여 수분 증발을 방지한다.

- **세레신(ceresin)**은 오조케라이트(ozocerite)를 정제한 것으로 주로 C29~C35의 직쇄상의 탄화수소로 구성되어 있으며 일부는 이소파라핀(isoparaffin)을 함유한다. 파라핀보다 분자량, 비중, 경도, 융점(61~95℃)이 높으며 제품의 점성을 조절하며 립스틱, 헤어 스틱 등 고화제로 사용된다. 밀랍과 파라핀의 대체물질로 알레르기를 유발할 수 있다.
- **마이크로크리스탈린 왁스(microcrystalline wax)**는 페트로라튬에서 추출한 오일에 의해 얻어진 미결정성 고체로서 C31~C70의 이소파라핀을 주성분으로 하는 복합물이다. 점성이 있고 늘어나는 성질이 있으며 낮은 온도에 민감하지 않으며 높은 융점(60~85℃)을 가진다. 다른 왁스와 혼합하면 결정의 형성을 억제하며 립스틱과 크림에 사용된다.

1.4 합성 오일의 종류

- **합성 오일(synthetic oil)**은 화학적으로 합성한 오일로 다른 오일에 비해 쉽게 변질되지 않으며 사용감이 좋다.
- **실리콘 오일(silicone oil)**은 규소(Si)와 산소(O)가 교대로 반복된 형태로 이루어진 고분자 물질의 일종이다. 실리콘 오일은 생리적으로 무해하므로 화장품이나 약품으로 많이 이용되며 화장품의 경우 기초 화장품, 메이크업 화장품 및 의약 외품까지 그 사용 범위를 넓혀가고 있다.

  실리콘 오일은 발수성이 좋고 다른 오일에 비해 끈적거림이 적어 사용감이 가벼우며 퍼짐성이 우수하다. 대표적으로 화장품에 사용되는 실리콘 오일은 디메치콘(demethicone)으로서 피부에 유연성과 부드럽고 가벼운 감촉을 주기 위해서 사용되며 특히 선스크린 제품의 끈적거림을 줄여주기 위해서 사용하기도 한다.
- **합성 에스터(synthetic ester)**는 카복실산(RCOOH)과 알코올(ROH)의 탈수 반응을 통한 에스터화 반응에 의해 얻어지는 에스터(RCOOR') 화장품으로 고급 지방산과 저급 알코올이 결합된 것이다.

●● 표 2 천연 오일과 합성 오일의 분류 및 특징

분류		특징	종류
천연 오일	식물성 오일 (botanical oil)	• 식물의 잎이나 열매에서 추출 • 냄새는 좋은 편이나 부패하기 쉬움 • 피부 흡수가 낮음	올리브 오일, 카멜리아 오일, 마카다미아 너트 오일, 캐스터 오일, 아보카도 오일, 세인트 존스 워트 오일, 월견초유
	동물성 오일 (animal oil)	• 동물의 피하조직이나 장기에서 추출 • 냄새가 좋지 않으므로 정제한 것을 사용 • 피부친화성이 좋고 피부 흡수가 빠름	밍크 오일, 스쿠알란, 난황유
	광물성 오일 (mineral oil)	• 석유나 광물에서 추출 • 무색투명, 무취 • 피부 흡수가 비교적 좋음 • 신패나 변질의 문제는 없으나 피부 호흡을 방해할 수 있음	유동 파라핀, 파라핀, 페트로라튬, 세레신, 마이크로크리스탈린 왁스
합성 오일 (synthetic oil)		• 화학적으로 합성한 오일 • 쉽게 변질되지 않으며 사용감이 좋음 • 천연 오일에 비해 사용성과 화학적 안정성이 좋고 피부 호흡을 방해하지 않음	실리콘 오일, 합성 에스터

합성 에스터는 천연 에스터가 가진 장점을 유지하고 단점을 보완하여 합성한 것으로 피부에 유연성을 주고 산뜻한 촉감으로 사용감이 좋아 화장품의 유성 원료로 많이 사용된다. 또한 화장품 원료의 용해제로서의 기능도 탁월하다.

2. 워터 계열 원료

워터 계열의 원료 역시 식물이 본래 가지고 있는 기능성을 중심으로 선택한다. 식물에서 추출한 원료는 대부분 향이 좋고 피부 흡수력이 뛰어나 알코올 함량이 높은 일반 화장품에 민감한 반응을 보이는 사람들에게 아주 좋다. 특히 천연화장품 스킨에서는 워터 계열의 원료가 중요하다. 천연 플로랄 워터를 사용하면 짧은 시간 동안 놀라운 피부 개선 효과를 기대할 수 있다. 하이드로졸 에센셜 오일을 추출할 때 생기는 플로랄 워터. 에센셜 오일의 성분이 남아 있어 스킨으로 사용할 수 있으며, 로션이나 크림을 만들 때 워터베이스로 사용하기도 한다. 로즈 워터, 카모마일 워터, 로즈마리 워터 등이 대표적이다. 사이프러스 워터는 지성 피부용 화장품을 만들 때 사용하면 좋다.

멜리사 워터는 고가의 멜리사 에센셜 오일 대신 쓸 수 있는 워터로 모든 피부 타입에 좋으며 특히 염증성 피부에 효과적이다. 네롤리 워터는 민감성 피부나 피부 노화 예방에 좋다. 카모마일 워터는 민감하고 연약한 아기 피부나 아토피성, 염증성 피부에 좋다.

가장 보편적으로 쓰이는 로즈 워터는 피부의 균형을 잡아주어 건성 피부와 노화 피부에 좋다. 로즈마리 워터는 지성 피부에 가장 많이 쓰는 워터로 모발용 크림이나 로션의 워터 베이스로 사용한다. 라벤더 워터는 모든 피부에 적합하고 보습, 진정 효과가 있으며 습진이나 여드름 피부에 특히 좋다.

3. 유화제

로션이나 크림 등 대부분의 화장품은 오일 계열과 워터 계열의 재료를 혼합해서 만들게 된다. 이때 유분과 수분의 결합을 도와주는 성분이 바로 유화제다. 밀랍이나 레시틴 등이 귀에 익은 대표적인 유화제다. 그 외에 젤 타입의 화장품을 만드는데 필수 재료인 잿탄검이나 펙틴과 같은 재료도 중요한 천연화장품 원료다. 한편 레시틴은 세포막의 구성 성분으로 달걀 노른자나 콩에서 추출한다. 유화제 외에도 보습, 노화 방지 역할을 하며 피부를 부드럽게 해준다.

유화 보조제인 붕사는 파우더 형태의 물질로 물을 부드럽게 해주며, 피부의 모공을 열어 때를 빼주는 역할을 한다. 유화제로 사용되는 스테아르산은 크림이나 로션에 첨가하면 상태를 걸쭉하게 만들 수 있으며, 오일 계열에 첨가한다. 이멀시파잉 왁스는 천연 오일에서 추출한 왁스로, 집에서 로션이나 크림을 만들 때 쉽게 사용할 수 있는 유화제이다. 오일 계열에 첨가하며 밀랍보다 사용감이 뛰어나다. 밀랍은 벌집에서 추출한 성분으로 천연 유화제로 크림과 로션을 만들 때도 사용하지만 립밤을 만들 때 많이 사용한다. 칸데릴라 왁스는 식물성 왁스로 립밤이나 립글로스에 많이 사용한다. 밀랍에 비해 윤기가 뛰어나 글로시한 립글로스를 만들 수 있다. 솔루비라이저는 피마자 추출 성분으로, 스킨을 만들 때 사용한다. 에센셜 오일을 수성 성분에 녹일 때 많이 사용하는데 사용량은 에센셜 오일의 2배를 사용하면 된다. 잿탄검은 젤 타입 화장품을 만들 때 들어가는 젤리화 재료로 설탕 용액 속의 박테리아가 생성하는 다당류에서 추출한 수용성 고무인 크산을 이용해 만든다. 펙틴은 채소나 과일에 함유되어 있는 탄수화물의 일종으로 산성 용액 중에 설탕이 존재하면 젤화하는 성질을 이용하여 잼이나 젤리를 만든다. 잿탄검과 더불어 젤 타입의 화장품을 만들 때 역시 유용하게 사용된다. 천연유화제 몬타노브 시리즈는 100% 천연으로 몬타노브 68은 풍부한 크림을 만들어 주는 유화제이며, 몬타노브 202는 지성 피부나 여드름 피부에 좋은 유화제이다. 몬타노브 L은 스프레이 타입을 만들어주고 몬타노브 82는 크림과 로션을 만들 때 사용한다. 이밖에 올리브에서 추출한 올리브 왁스가 있다. 사용량은 약 3~6%이다.

4. 계면 활성제

계면이란 서로 섞이지 않은 두 상이 접하고 있는 경계면을 말하며 계면 활성제란 계면에 흡착하여 계면 활성을 약화시켜 계면의 성질을 현저히 변화시키는 물질을 말한다. 계면 활성이란 양쪽 친매성 분자가 물이나 다른 용매의 표면에 물과 친한 친수기 부분은 수화되어 물 쪽으로 향하고 물과 친하지 않은 소수기 부분은 표면의 바깥쪽으로 향하여 배열하게 된다. 그 일부는 용매 내에 머무르게 되므로 물과 공기 사이의 접촉면을 줄이기 때문에 표면장력이 강화되는 현상을 말한다. 계면 활성제는 화학구조상 한 분자 내에 친수성과 소수성 성질을 동시에 가지고 있는 양친매성 물질로 극성을 띤 친수성의 머리 부분과 소수성 꼬리 부분의 둘로 이루어진 구조를 가지고 있다. 계면 활성제의 계면 장력은 친수성과 소수성의 균형에 따라 달라진다. 계면 활성제는 세탁제, 유연제 등 우리 생활을 편리하게 할 뿐만 아니라 섬유, 도료, 식품, 의약품, 화장품 등 여러 공업 분야에서 널리 사용되고 있다. 이들의 계면 활성제는 그 성질과 용도에 따라 유화제, 가용화제, 분산제, 습윤제,

기포제, 세정제, 대전 방지제 등 여러 명칭으로 불리고 있다.

계면 활성제의 특성으로 계면 활성제의 농도가 계속 증가하면 용액의 표면은 계면 활성제로 포화되므로 표면장력은 더 이상 줄어들지 않고 용액 내에서 계면 활성제의 소수기가 상호 간에 서로 결합하여 소수기는 내부로 친수기는 물과 닿을 수 있도록 밖으로 향하는 회합체(associated body)를 형성한다. 이를 미셀이라 하고, 미셀이 생성되기 시작할 때의 계면 활성제의 농도를 임계 미셀 농도라고 한다. 임계 미셀 농도를 경계로 그 이전의 농도에서는 계면 활성제로서의 역할을 할 수 없고 이 농도를 넘어서면서 용액은 표면장력, 응고점, 세정력, 탁도 등의 물리·화학적 성질이 변한다. 임계 미셀 농도에 달하는 온도를 크래프트점이라 하며 세정제의 경우, 크래프트점 이하에서 사용하면 세정효과가 나타나지 않는다.

계면 활성제가 갖고 있는 친수성기와 친유성기의 상대적인 세기를 나타낸 것이 HLB(Hydrophile Lipophile Balance) 값이다. 즉, 에틸렌옥사이드(Ethylene Oxide, EO)가 부가된 계면 활성제에 대해 0에서 20의 값을 부여한 것으로, HLB 값이 20에 가까울수록 친수성이 큰 계면 활성제로 분류된다. 단 HLB 값은 비이온 계면 활성제에만 적용이 가능하다.

계면 활성제는 수용액 내에서 해리되는 성질 즉, 친수성의 대전성 유무에 따라 이온 계면 활성제와 비이온 계면 활성제로 분류되며, 이온 계면 활성제는 수용액상에서 계면 활성제의 친수성이 음전하를 띠고 있는 음이온 계면 활성제와 양전하를 띠고 있는 양이온 계면 활성제, 그리고 pH 조건에 따라 음전하 또는 양전하를 띠는 양쪽성 계면 활성제로 구별된다. 계면 활성제는 친수성기의 이온성에 따라 서로 다른 안전성을 나타내는데 비이온성 계면 활성제가 이온성 계면 활성제보다 자극이 적으며 피부 자극은 양이온성 > 음이온성 > 양쪽성 > 비이온성 순서이다. 화장품에 주로 사용되는 계면 활성제의 구성비는 대략 음이온성 64%, 양이온성 7%, 비이온성 27%, 양쪽성 2%로 나눌 수 있다.

양이온성 계면 활성제는 친수성기로 양이온 전하를 갖는 것으로서 수중에서 친수기 부분이 양이온으로 해리되며 음이온 계면 활성제와는 반대의 구조를 갖고 있어 역성 비누라고 한다. 양이온성 계면활성제는 살균, 소독 작용이 우수하고 정전기 발생을 억제하는 특성이 있어 린스나 헤어 트리트먼트제, 컨디셔너와 같은 두발용 화장품에 많이 사용한다. 그러나 강한 피부 자극이 있으므로 가급적 두피에는 닿지 않게 하는 것이 바람직하다. 염화알킬트라이메틸암모늄, 염화다이알킬이메틸암모늄, 염화벤잘코늄 등이 있다.

음이온성 계면 활성제는 친수성기로 음이온 전하를 갖는 것으로서 수중에서 친수기 부분이 음이온으로 해리되며 친수 부분이 카복실기, 황산, 인산기로 이루어져 있으며 이들 소듐, 포타슘, 암모늄, 아민 등으로 중화된 것이 일반적이다. 세정작용과 기포 형성 작용이 우수하여 비주, 샴푸, 폼클렌징에 많이 사용된다. 고급 지방산 비누, 알킬황산에스터염, 폴리옥시에틸렌 에터 황산염, 알킬에터인산에스터염, N-아실아미노산염 등이 있다.

양쪽성 계면 활성제는 양이온 전하와 음이온 전하를 한 분자 내에 함께 가지고 있으며 양이온은 산성 영역에서 음이온은 알칼리성 영역에서 해리된다. 세정 작용이 있으면서 피부에 자극이 적어 저자극 샴푸 베이비 샴푸 등 피부에 자극이 적은 화장품을 만들 때 사용한다. 알킬다이메틸아미노아세트산베타인, 알킬아미드다이메틸아미노아세트산베타인, 2-알킬-N-카복시-N-하이드록시이미다졸리늄베타인 등이 있다.

비이온성 계면 활성제는 친수성기가 전하를 띠지 않으나 분자 내에 여러 개의 극성기를 가지고 있어 물과의 친화성이 자유롭다. 따라서 피부에 자극이 가장 적은 종류이기 때문에 세정제를 제외한 대부분의 화장품에 유화제, 분산제, 가용화제로 사용된다. 비이온 계면 활성제는 일반적으로 고급 알코올이나 고급 지방산에 에틸렌옥사이드를 부가 반응하여 제조된다. 폴리옥시에틸렌형, 다가알코올에스터형, 에틸렌옥사이드프로필렌옥사이드 블록폴리머 등이 있다.

대부분의 샴푸에 들어있는 석유에서 추출한 화학 계면 활성제는 충분히 세척하지 않을 시 샴푸 성분의 황산이나 염산 등의 산성 성분들이 두피에 상당한 악영향을 준다. 두피에 자극을 일으켜서 자극성 피부염을 유발하여 세균의 침투가 용이해져 모낭염이 발생할 수 있다. 이는 자칫 탈모로 이어질 수 있으며 또한 이러한 독성 성분이 피부를 통해 흡수되어 체내에 쌓이게 된다. 세안제의 경우는 계면 활성제에 의하여 표피 최상층의 지질이 녹으면서 각질층에 미세한 갈라짐이 생겨 피부가 거칠어진다.

화장품을 연구 및 제조하는 데 있어 계면 활성제의 3대 작용에는 가용화, 유화, 분산이 있다. 화장품 제조에 필요한 주요 기술로는 수성 성분에 소량의 유성 성분을 투명하게 녹이는 가용화 기술, 수성 성분과 유성 성분을 균일하게 혼합하는 유화 기술, 부용성 고체 입자를 균일하게 분산시키는 분산 기술이 있다. 이외에도 최근에는 리포솜과 마이크로캡슐에 대한 기술이 화장품 분야에서 널리 이용되고 있다.

가용화란 물에 소량의 오일 성분이 계면 활성제에 의해 투명하게 용해되어 있는 상태를 말하는 것으로 미셀의 친유기가 모인 부분에서는 유용성의 성분을 녹일 수 있다. 이때 미셀의 크기는 가시광선의 파장보다 작아서 빛을 그대로 투과시키므로 투명한 상태로 보인다. 계면 활성제는 친수성이 강한 HLB 15~18을 사용하며 화장품에 사용되는 예로는 화장수, 에센스, 헤어토닉, 향수 등이 있다.

가용화가 소량의 유성 성분을 물에 투명하게 녹이는 기술인데 반하여 유화는 많은 양의 유성 성분을 물에 균일하게 혼합하는 기술이다. 유화 제품은 물에 유성 성분이 계면 활성제에 의해 우윳빛으로 백탁화된 상태의 제품을 말한다. 가용화 제품은 빛에 투과가 되지만 유화 제품은 빛이 투과하지 못하고 다시 굴절되어 반사된다. 화장품에서는 로션, 크림, 에센스, 마사지 크림, 클렌징크림, 메이크업 베이스 등에 광범위하게 적용되고 있다.

유화에는 물을 외부상으로 하고 그 안에 오일이 분산되어 있는 O / W형과 그 반대로 오일을 외부상으로 하고 그 가운데 물이 분산되어 있는 W / O형의 2가지와 W / O / W형의 다상 에멀션이 있다. O / W형은 물에 쉽게 희석되고 W / O형보다 내수성이 떨어지며 보습 로션, 클렌징크림, 선탠 로션 등이 있다. W / O형은 수분 증발을 방지하고 O / W형보다 유분이 많아 끈적임이 있으며 땀이나 물에 잘 지워지지 않아 선 스크린 제품에 주로 이용된다.

유화의 생성에 있어서 O / W, W / O형을 판별해야 하는 경우가 자주 생긴다. 많은 판별법이 제안되고 있지만 실제 연구에서 가장 간편히 실행할 수 있는 것은 희석법과 색소 첨가법이고, 거의 이 경우에 판별이 가능하고 그밖에 다른 것은 특별한 경우 외에는 이용되지 않는다.

● 희석법

유화의 외부상과 같은 액체를 가하면 그 유화는 분산한다. 예를 들면, O/W형의 유화제에 물을 희석시키면 잘 섞이고 오일을 희석시키면 잘 섞이지 않는다.

● 전기 전도도법

유화의 전기 전도성은 외부상의 전기 전도성에 의해 결정된다. 물과 오일의 전기 저항의 차를 이용하는 방법으로 O/W형의 유화는 전도성이 크지만 W/O형인 유화는 미약한 전도성을 갖고 있기 때문에 전기 전도도를 측정하면 판별할 수 있다.

● 색소 첨가법

에멀션의 표면에 유용성 염료 또는 수용성 염료의 분말을 첨가하여 현미경으로 염료의 용해성을 관찰한다. 수용성 염료, 예를 들면 메틸 오렌지 같은 염료를 유화물에 첨가하여 현미경으로 관찰하는 경우, 염료가 점차로 확산되어지면 O/W형으로 판별하고, 반대로 유용성 염료인 수단 III 등을 같은 상태로 이용하여 확산되면 W/O형으로 판별할 수 있다.

● 프로펠러 믹서

프로펠러가 회전봉의 앞 끝에 부착된 구조를 이루고 있다. 분산력이 약하므로 예비적인 분산과 유화에 이용된다.

● 디스퍼

고속으로 회전하는 봉의 끝에 터번형의 회전날개를 부착시킨 것이며, 분산력은 프로펠러 믹서보다 강하다.

● 호모믹서

터빈형의 회전날개를 원통으로 둘러싼 구조이며 통 속에서 대류가 일어나도록 고안되어 균일하고 미세한 유화 입자가 만들어진다.

● 호모게나이져

기계적으로 조직이나 세포를 파괴하여 마쇄물을 만들거나 유화하는 장치나 기구의 총칭으로 용기 내에 시료와 함께 유리나 스테인리스스틸의 소구나 알루미나, 바다모래 등을 넣어 고속진탕이나 회전하여 세포와 소구와의 충격으로 파괴하는 것이다.

화장품에서 분산이란 안료 등의 고체 입자를 액체 속에 균일하게 혼합시키는 것을 말하며, 이때 사용하는 계면 활성제를 분산제라고 한다. 주로 메이크업 화장품의 제조에 이용되는 기술로 화장품에서 고체 입자를 액체에 분산시킨 것으로는 파운데이션, 마스카라, 아이라이너, 네일 에나멜 등이 있다.

계면 활성제는 합성 계면 활성제와 천연 계면 활성제로 나눌 수 있다.

합성 계면 활성제의 특징은 종류가 매우 많고, 병용과 증량에 의해 다양한 유화력과 세정력을 얻을 수 있다는 것이다. 강한 세정력으로 표피 지질을 씻어 낸 후 표피의 중요한 피부 장벽 기능을 떨어뜨려 각종 성분이나 약제를 피부에 침투시키는 것도 합성 계면 활성제의 특징이다. 합성 계면 활성제로 만들어진 세제는 강력한 세정력과 침투력을 발휘해 피부 장벽을 파괴한다. 그로 인해 피부 속 수분이 증발해, 피부는 빠르게 건조해지고 주름이 생기며 노화가 진행된다. 화장품은 일반적으로 건강한 피부를 가진 사람이 사용한다. 그런데 화장품에 들어 있는 합성 계면 활성제가 건강한 피부 장벽을 파괴해 피부에 손상을 주고 있다. 화장품에 합성 계면 활성제가 남용되어 피부 장벽이 파괴되는 것, 이것이 제1차 화장품 공해이다.

합성 계면 활성제의 결함은 피부 장벽을 파괴해 화장품에 포함되어 있는 화학 첨가물과 향료, 타르색소 등을 피부 속으로 침투시킨다는 점이다. 그 결과 흑피증의 원인이 되고, 피부를 건조하게 만들어 기미와 주름이 생기게 만들며, 피부 노화를 촉진한다. 합성 계면 활성제가 피부 장벽을 파괴한다는 것은, 미백제나 발모제를 피부에 흡수시키기 위한 침투제로 쓰이고 있는 것으로도 알 수 있다.

합성 폴리머는 물에 잘 녹는 것, 약간 녹는 것, 녹지 않는 것 등 그 종류가 다양하다. 잘 녹는 것은 에센스와 로션에, 잘 녹지 않는 것은 파운데이션과 자외선 차단제에 사용된다. 헤어무스, 팩, 파운데이션, 세안 폼 등 합성 폴리머는 우리가 상상하는 것 이상으로 폭넓게 쓰이고 있다. 폴리머는 자연에도 존재한다. 해초나 젤라틴 등 천연 폴리머는 수용성 합성 폴리머처럼 계면 활성이 있다. 그러나 이들 천연 폴리머는 곰팡이 등 미생물에 의해 쉽게 분해된다. 그에 비해 합성 폴리머는 피막성이 매우 강하다. 특히 발수성이 강한 규소계 폴리머와 발수성 및 발유성이 강한 붕소계 폴리머는 피부를 밀폐시켜 피부 건강을 해칠 우려가 있다. 합성 폴리머는 미생물에 분해되지도 않아, 모공에 남은 잔여물도 매우 위험하다. 합성 폴리머계 로션과 영양크림의 실체는 수용성 폴리머를 1~5%로 희석한 수용액이다. 수용성 합성 폴리머뿐만 아니라 합성 계면 활성제도 배합되고 있다. 수용성 폴리머도 넓은 의미에서는 계면 활성제이다. 수용성 폴리머는 종래의 합성 계면 활성제와 다른 계면 활성제인데, 합성 계면 활성제와 함께 쓰면 계면 활성력이 더욱 강해지기 때문에 피지를 모두 없애 버린다. 이것이 피부 환경을 악화시키는 원인 가운데 하나이다.

천연 계면 활성제는 천연유지인 동물 또는 식물성 기름을 원료로 하여 만든 계면 활성제를 밀하며 세정 삭용은 있으면서 피부에 자극을 주지 않고 안전하다. 천연 계면 활성제는 콩의 대두나 계란 노른자에 들어있는 레시틴, 인삼에 들어 있는 사포닌 등이 대표적이다. 그밖에 코코넛 오일에서 추출한 코코베타인, 피마자 오일에서 푸풀한 솔빌라이저, 사탕수수에서 추출한 잿탐검, 코코넛 오일에서 추출한 이멀시파잉 왁스, 벌집에서 추출한 밀랍, 아메리카 광물질인 붕사, 팜과 코코넛에서 추출한 몬다노브 왁스, 올리브를 에스터화시킨 올리브 유화 왁스, 야자와 호박산으로 만든 술포석시네이트 등이 있다.

리포솜은 세포막의 구성 성분인 인지질로 이루어진 이중막으로 된 지질소포로 내부가 비어 있는 구형의 공과 같은 모양을 갖고 있다. 리포솜은 생체막과 그 구조가 비슷하여 원하는 물질을 생체 내로 전달시키는 데 효과적이다. 즉, 생체막은 보통 40~50%의 지질과 50~60%의 단백질로 구성되어 있으며 그 구조는 '유동 모자이크 모델'을 가장 기본적 구조로 인정하고 있다. 막의 구조는 인지질 이중층의 매트릭스 형태를 갖추며 여기에 여러 종류의 단백질이 결합하여 세포막의 이중층 매트릭스와 리포솜의 기본 구조가 유사하다. 또한 리포솜은 생체막을 구성하고 있는 천연 인지질로 만들어지므로 직접 신진대사에 참여하여 생체막 분자와 상호 교환이 가능하고 생체 내에서 쉽게 분해되며, 독성이나 항체 등에 의한 부작용이 없다. 리포솜의 제조에 사용되는 대표적인 인지질은 대두, 땅콩, 옥수수, 난황에 함유된 레시틴이다. 레시틴은 분자 구조가 하나의 친수성 머리에 두 개의 친수성 꼬리가 결합된 천연 계면 활성제의 일종으로 물에 녹이면 작은 공과 같은 모양을 만들며,

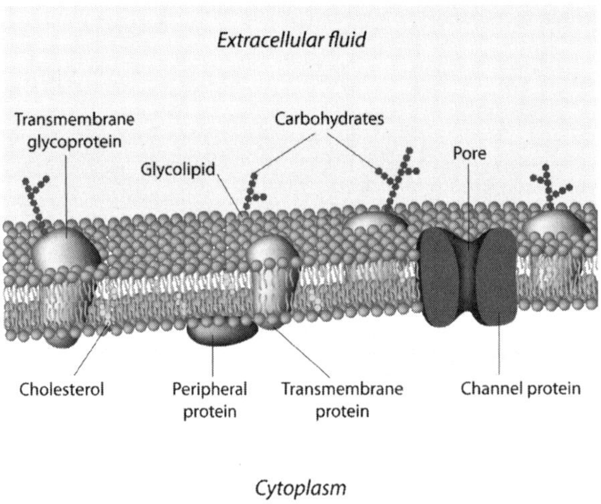

➲ 유동 모자이크 모델

내부에 여러 가지 영양물질을 안정하게 담아 둘 수 있고, 또한 영양물질의 피부흡수를 증가시킬 수 있다. 일반적으로 비이온성 계면 활성제보다 유화력이 약하지만 생체막에 유사한 구조이기 때문에 일반 유화제에 비해 피부에 대한 안전성이 우수하고 탈색, 탈취 효과도 있으며 장기 안정성이 요구되는 화장품에 사용되고 있다.

5. 알코올류

에탄올(ethanol, C_2H_5OH)은 에틸 알코올(ethyl alcohol)이라고도 하며, 1가의 저급 알코올인 무색투명의 휘발성 액체로서 물에 용해되기 어려운 무기 화합물에도 에탄올이 용해되기 때문에 화장품 원료로서 사용될 뿐 아니라 용매로도 사용된다.

에탄올은 피부에 시원한 청량감과 가벼운 수렴 효과를 부여하며, 에탄올 배합량이 높아지면 수렴 효과 외에 살균 및 소독 작용도 나타난다. 즉, 에탄올은 70%의 고농도일 때 최대 살균 효과를 나타내며 60% 이상일 때 피부에 자극이 있으며 40% 이하일 때 피부에 자극이 적다.

에탄올은 휘발성에 의한 장점도 있지만, 수분까지 증발시켜서 물이 가지고 있는

●● **표 3** 알코올의 특성

알코올(Alcohol, R–OH)

알코올은 탄화수소의 수소 원자가 수산기(hydroxy, –OH)로 치환된 화합물의 총칭이다. 메테인(CH_4)이 하이드록시기로 치환된 화합물을 메탄올(CH_3OH), 에테인(C_2H_6)이 치환되면 에탄올(C_2H_5OH)이 된다. 알코올을 구조상으로 분류하면 다음과 같다.

① 수산기를 1개 가진 것을 1가 알코올, 2개 가진 것을 2가 알코올, 3개 가진 것을 3가 알코올이라고 한다. 2가 이상의 알코올을 다가 알코올(polyhydric alcohol) 또는 폴리올(polyol)이라고 한다.

② R의 탄소 수가 5개 이하인 알코올을 저급 알코올(lower alcohol), 탄소 수가 6개 이상인 알코올을 고급 알코올(higher alcohol)로 구분한다. 저급 알코올인 탄소 수 1부터 3까지는 물과 잘 혼합된다. 그러나 그 이상이 되면 물에는 잘 녹지 않고 유성 용매에 녹는다. 저급 알코올은 물에 용해되지만, 전리되지는 않기 때문에 이온을 발생시키지 않는 중성 물질이다.

③ 분자 내에 이중 결합 또는 삼중 결합을 갖는 알코올을 불포화 알코올, 그렇지 않은 알코올을 포화 알코올이라고 한다.

기화열을 빼앗음으로써 수렴 효과를 주기 때문에 건성 피부인 경우에는 알코올의 함량이 적거나 무알코올 화장품을 사용하는 것이 좋다. 주의할 점은 화장품에서 알코올 프리(alcohol free)라는 말은 에탄올이 함유되어 있지 않다는 뜻이다. 따라서 고급 알코올이 함유되어 있을 수 있다.

화장품에 사용되는 에탄올은 특히 술의 제조에 이용할 수 없도록 메탄올, 부탄올, 페놀 등과 같은 특수한 변성제를 첨가한 변성 에탄올(Specially Denatured Alcohol, SD Alcohol)이다. 변성 에탄올은 변성제의 종류에 따라 여러 가지가 있으며, 첨가된 변성제의 종류에 따라 고유 번호를 붙인다. 화장품에 많이 사용되는 것은 부탄올 등으로 변성시킨 SD Alcohol 40이다.

에탄올과 함께 용매로 화장품에 사용되는 1가의 저급 알코올로는 아이소프로필 알코올(isopropyl alcohol) 등이 있다.

6. 보습제

일반적으로 보습제(mositurizers)는 피부에 수분을 공급하고, 외부로 수분 손실을 방지해 주는 화장품 자체의 수분 보유제로서의 기능을 한다. 보습제는 단순히 피부에서 부족한 수분을 보충하는 것 외에 원래 피부가 가지고 있는 정상적인 장벽 기능을 유지, 강화시키는 방향으로 도움을 주어야 한다. 과거에는 보습제가 단순히 피부의 수분을 보충하는 개념으로 인식되어 왔으나 최근에는 단순한 수분 보충 이외에 피부 표면의 수분 균형과 항상성을 보전하여 피부 장벽을 본래대로 유지하는 기능이 무엇보다 중요하다는 인식이 보다 강조되고 있다.

보습제의 작용은 피부 표면에 유막을 형성하여 수분 손실을 방지함으로서 피지막과 유사한 역할을 하는 밀폐제(occulsive agents)와 각질층이 수분을 함유하도록 돕는 습윤제(humectant), 이 두 가지 성질을 모두 가지면서 부드럽고 매끄러운 느낌을 주는 연화제(emollients), 세라마이드 등으로 나눌 수 있다.

밀폐제(occlusive agents)는 피부 표면에 불투과성막을 형성하여 피부로부터 수분이 증발되는 것을 막는 역할을 하기 때문에 '수분 증발 차단제'라고도 한다. 밀폐제로 사용되는 성분은 광물성 오일(mineral oil), 바셀린(petrolatum), 호호바 오일(jojoba oil), 올리브 오일(olive oil), 파라핀(paraffin), 실리콘 성분(silicone derivatives)등이 있다. 바셀린은 효과가 매우 뛰어나지만 끈적이는 사용감과 막을 형성하기 때문에 모공을 막아 여드름을 악화시킬 수 있으며, 라놀린은 특유의 향과 알레르기 반응의 가능성으로 얼굴에 사용하는 제품에서는 잘 권장하지 않는다. 미네랄 오일 또한 사용감이 좋아 널리 사용하지만 수분 증발을 차단하는 효과는 제한적이다. 최근에 많이 사용되는 실리콘 성분은 끈적이지 않아 널리 사용되지만 보습 효과는 제한적이기 때문에 사용감과 효과를 높이기 위해 바셀린과 같이 사용되는 경우가 많다. 밀폐제는 보습 효과가 우수하지만 피부 호흡을 억제하거나 체온에 의해 유막의 지속력이 떨어지고 오일 성분의 함유가 많아 끈적거리는 사용감을 준다는 단점이 있다.

습윤제(humectant)는 수분에 강한 친화성을 가진 물질로서 주위의 수분을 끌어당겨 수분을 유지하는 기능이 있으나 외부의 습도가 70~80%가 넘어가기 전까지는 외부에서 물을 끌어당길 수 없으며 대부분의 경우 피부 안쪽의 수분을 바깥으로 끌어내어 피부 장벽의 수분을 유지하게 된다.

그렇기 때문에 저온 건조한 환경에서 피부 장벽에 손상이 있는 건조한 피부의 경우 안에서 밖으로 수분을 흡수하여 피부의 건조를 더욱 악화시킬 수 있으며, 수분 손상을 방지하는 효과가 밀폐제보다 떨어지는 단점이 있다. 문헌에 따르면 대표적인 습윤제인 글리세린을 단독으로 피부에 바르는 경우 경표피 수분 손실(TEWL)이 29%나 증가한다고 한다. 이러한 이유 때문에 습윤제는 단독으로 사용하기보다는 막을 형성하는 밀폐제를 같이 사용한다.

폴리올류(polyols)는 다가 알코올(polyhydric alcohol)로서 다가 알코올은 분자 내에 2개 이상의 수산기(-OH)를 함유한 화합물을 말한다. 폴리올류는 공기의 수분을 흡수하는 수분 결합 능력이 있어 피부가 수분을 보유할 수 있게 하는 보습제로서 사용된다.

이들이 수분을 흡수하는 능력은 수산화기가 공기 중의 수분을 수소 결합에 의해 끌어당김으로써 가지는 것이다. 그러나 특정 대기 상태에서 보습제는 그 의도와는 다른 작용을 하기도 하는데, 차가운 겨울철에 집이나 사무실에서 난방을 하여 공기가 건조해지면 오히려 피부 내부로부터 수분을 빼앗아 가게 된다.

글리세린(glycerin, $C_3H_5(OH)_3$)은 보습제의 가장 흔한 성분이자 주된 성분으로 피부 보호 작용과 함께 각질층에 수분을 공급하는 기능을 가진다. 글리세린은 비누의 제조 과정에서 부산물로 만들어지며, 화학명은 글리세롤(glycerol)이다. 단맛이 있고 끈끈하고 흡습성이 강하기 때문에 식품, 화장품 등의 보습제로 사용된다. 3개의 수산기(OH)를 가지고 있는 3가 알코올로서 글리세린의 가장 중요한 성질은 수분을 흡수하는 성질이 강하다는 것이다.

그러나 너무 진한 농도로 사용하면 오히려 피부 조직으로부터 수분을 흡수하여 피부에 발작을 일으킬 수 있어 주의해야 한다.

프로필렌 글리콜(propylene glycol, PPG, $C_3H_6(OH)_2$)은 프로필렌 옥사이드에 물을 반응시켜 만들어지며 점성이 있고 수분을 흡수하는 성질이 있어 글리세롤과 함께 보습제로 많이 사용되는데 글리세린보다 점성이 낮아 끈적거림. 글리세린보다 점성이 낮아 끈적거림이 적고 보습 효과가 우수하여 글리세린 대용으로 많이 사용된다.

뷰틸렌 글리콜(butylene glycol, BG)은 화학적인 방법에 의해 합성되는 물질로, 글리세린이나 프로필렌 글리콜 등의 다른 보습제로 사용되는 물질에 비해 끈적임이

적으나 피부에 자극이 다소 높다.

솔비톨(sorbitol, $C_3H_8(OH)_6$)은 글리세린의 대체 물질로 솔비톨 열매에서 추출되어 처음으로 얻어졌으며 글루코오스를 화학적으로 환원시켜 만들어진다. 설탕의 60% 정도의 단맛이 있으며, 6개의 수산기를 함유하고 있어 물에 잘 용해되고 보습성이 양호하다.

폴리에틸렌 글리콜(polyethylene glycol, PEG)은 분자량에 따라 여러 가지로 구분되는데 화장품에 널리 사용되는 분자량이 낮은 것은 상온에서 액체이지만, 분자량이 증가되면 점차 고체로 변한다. 이때 외관은 고형 왁스와 유사하지만 물과 에탄올에 잘 녹는 성질을 나타낸다. 약자로 PEG로 나타내며 분자량에 따라 여러 가지로 구분된다.

화장품에 널리 사용되는 것은 PEG 400, PEG 1500, PEG 4000, PEG 6000 등이 있다. 이들 숫자는 분자량을 의미하는데, 분자량에 따라 물리적 성질이 달라진다. 즉, 분자량 400은 상온에서 액체인 반면, 1500은 반고체이고 4000과 6000은 고체이다. 이들의 외관은 고형 왁스와 유사하지만 물과 에탄올에 잘 녹는 성질이 있다.

아미노산류(amino acides)는 피부의 천연 보습 인자(NMF)의 약 40%를 차지하는 대표적인 보습 성분이다. 아미노산은 단백질을 이루는 구성 성분이기 때문에 대개 단백질을 가수 분해시켜 얻어지는 고분자 보습제이다.

젖산염(sodium lactate)은 천연 보습 인자(NMF)에 존재하는 중요한 천연계 보습 성분으로 제품의 산성화를 방지해 준다. 폴리올류에 비하여 비교적 높은 보습력을 가지고 있다.

요소(urea)는 천연 보습 인자 중 하나로 피부를 쉽게 통과하며 보습성, 각질층 분해, 표피 박리 작용, 항소양증, 항세균성인 특성 때문에 피부과학적으로 널리 사용되는 물질이다. 저분자량이기 때문에 강한 삼투 효과를 가지며 피부의 수분 보습 능력을 증강시키고, 다른 활성성분의 흡수를 증가시키는 데 사용된다. 베타인과 사용하면 사용감이 좋으며 크림, 로션, 토너에 1~2% 첨가하여 사용한다.

아미노산(amino acid)은 피부에 수분을 공급하기 위하여 스펀지처럼 흡수함으로써 피부의 건조를 방지하고 피부 오염을 완충시키는 기능이 있다.

소듐 PCA(sodium 2-pyrrolidone-5-carboxylic acid, sodium PCA)는 천연 보

습 인자(NMF) 성분 중 12%를 차지하는 중요한 피부 보습 성분이며, 색깔과 맛이 없고 넓은 범위의 온도와 pH에서 안정하다. 화장품 원료로는 50% 수용액이나 파우더 형태로 사용된다. 보습력은 글리세린의 2배, 솔비톨의 6배로 흡습력이 매우 우수하며 무자극, 무독성이며 알레르기를 일으키지 않는다. 이는 순수한 피롤리돈 카복실산보다 염의 형태가 흡습력이 훨씬 우수하기 때문에 화장품 성분의 명명법에 의해서는 흔히 소듐 PCA로 불린다. 안정성과 보습력이 우수하므로 다양한 제품에 사용되는데, 피부 관리 제품에는 크림, 로션, 토너, 샤워젤 등의 제품에 사용되며 샴푸, 헤어 컨디셔너, 헤어 크림에도 사용된다. 또한 썬블럭 제품과 메이크업 제품, 건강 관련 제품을 비롯하여 화장품 전반에 폭넓게 사용된다.

히알루론산(Hyaluronic Acid)은 생체 친화성이 우수하고, 자체 무게의 100~1,000배에 해당하는 수분과 결합하는 능력이 있어서 강한 보습 효과가 있다. 히알루론산(hyaluronic acid)은 전에는 닭의 벼슬에서 추출하여 비용이 많이 들고 그 수요가 한정되었으나 최근에는 미생물의 발효 기술로 대량 생산되어 고분자 보습제로서 널리 사용된다. 일반적으로 소듐 형태인 히알루론산염(sodium hyaluronate)으로 사용된다.

7. 산화 방지제

화장품이 장기간 진열되거나 소비자가 뚜껑을 열어 사용하게 되면 기름 성분이 공기 중의 산소에 의해 산화된다. 화장품은 유지와 왁스류를 비롯하여 여러 가지 원료들이 들어가는데 이 중에서도 이중 결합의 불포화 결합을 가지고 있는 유지가 들어간 제품은 산화되기 쉽다. 산패는 화장품의 안정성면에서 영향이 크며, 이것 때문에 고유의 성질을 잃고, 각종 성분이 파괴되어 심할 때는 독성을 일으키기도 한다. 이와 같이 과산화물의 생성을 방지하기 위해 첨가되는 것을 산화 방지제(antioxidants)라고 하며, 다른 말로는 항산화제라고도 한다.

화장품에 사용되는 산화 방지제는 스스로 산화가 잘 되는 물질으로 자신이 산화함으로써 화장품의 성분이 산화되는 것을 방지한다. 화장품에 사용되는 산화 방지제는 피부에 대한 자극이 없어야 하며 산화 방지력의 지속성과 다른 성분과의 안정성 및 화장품의 색이나 냄새에 변화를 주지 않는 것이어야 한다.

산화 방지제는 크게 천연 산화 방지제와 합성 산화 방지제로 구분할 수 있다. 천연 산화 방지제로는 비타민 C, 비타민 E(tocopherol), 레시틴 등이 있으며 합성 산화 방지제로는 뷰틸하이드록시아니솔(butyl hydroxy anisole, BHA), 뷰틸하이드록시톨루엔(butyl hydroxy toluene, BHT) 등이 있다.

8. 방부제

방부제(preservatives)란 세균의 성장을 억제하거나 방지하기 위해서 첨가하는 물질이라고 정의할 수 있다. 화장품에 사용되는 방부제의 종류는 대상 제품과 그 속에 혼입될 수 있는 미생물의 종류에 따라서 결정된다.

대표적인 방부제로는 파라벤류(parabens)가 있다. 파라벤은 피부에 대한 자극이 적어 화장품과 식품 등에 널리 사용된다. 파라벤은 치환기의 종류에 따라 메틸 파라벤(methyl paraben, MP), 에틸 파라벤(ethyl paraben, EP), 프로필 파라벤(propyl paraben, PP), 뷰틸 파라벤(butyl paraben, BP) 등으로 구분된다. 대개는 메틸 파라벤과 프로필 파라벤을 2:1의 비율로 혼합하여 사용하고 있는데 단독으로 사용했을 때보다 훨씬 높은 방부 효과를 볼 수 있다. 파라벤 다음으로는 이미다졸리디닐 우레아(imidazolidinyl urea)가 방부제로 사용되고 있다. 이는 독성이 적어 유아용 샴푸와 기초 화장품 등에 널리 이용된다. 메이크업 화장품에는 페녹시에탄올(phenoxy ethanol) 등이 사용되고 있다.

화장품에서 방부제를 많이 함유한 것은 O / W 에멀션, 화장수와 같이 물을 많이 함유한 제품이나 파운데이션과 같이 스펀지를 자주 사용하는 제품이다. 반면 방부제가 비교적 적게 함유된 것은 W / O 에멀션 산성 화장수와 같이 물의 양이 적거나 미생물의 성장에 적합하지 못한 조건인 경우이다. 또한 알코올의 배합량이 높은 수렴성 화장수와 헤어 토닉, 애프터 세이브 로션 등에도 방부제가 적게 배합된다.

파라벤류에 노출되면 여성 호르몬의 효과를 나타내기 때문에 유방암이 발생할 가능성이 높아지고 남자의 경우, 정자수가 감소되거나 고환암이 발생할 가능성이 높아지게 된다.

9. 색소

기초 화장품과 모발 화장품에서 색조는 시각적인 효과를 부여함으로써 부가가치를 높이며 메이크업 화장품에서는 피부에 착색하여 그 색 자체로 아름다움을 표현하여 건강하고 매력적인 용모로 보이게 하는 효과를 목적으로 한다.

색소(coloring agents)는 용제에 녹는 염료(dye)와 용제에 녹지 않는 안료(pigment)로 구분된다. 염료는 염색에 주로 사용하며 물이나 오일에 녹기 때문에 색조 메이크업 제품에는 사용하지 않는다. 주로 기초 화장품, 모발 화장품에 사용한다. 기초 화장품에 색채 효과를 주기 위한 것으로는 0.1% 미만을 사용한다. 안료는 기름에 녹지 않으며 메이크업 제품에 10~50% 비율로 사용되고 빛을 반사, 차단시키며 커버력이 우수하다.

표 4 색소의 특징 및 용도

색소		특징 및 용도
유기합성 색소 (organic synthetic coloring agents)	염료(dyes)	• 물이나 오일 등 용매에 녹는 색소 • 타르 색소(tar colors) • 화장품의 용기 또는 포장 및 첨부문서에 기재해야 하는 사항 예 D&C Red No 6 (적색 201호)
	레이크 (lakes)	• 무기안료의 색조가 선명하지 못한 것을 보완한 안료 • 수용성 염료를 금속 침전물로 부착시킨 불용성 물질 • 내산성, 내알칼리성이 약함 예 FD&C Yellow No 6 Al lake(FD&C Yellow No 6에 알루미늄염을 가해 만듦)
	유기안료 (organic pigments)	• 물이나 오일 등 용매에 녹지 않는 유기합성 색소 • 대부분 분말 형태 • 무기안료에 비해 빛깔이 선명하고 착색력 우수 • 내광성 및 내열성이 떨어지나 레이크에 비하면 우수한 편 • 유기용제에 녹아 색이 번짐

색소		특징 및 용도
무기안료 (inorganic pigments)	백색안료 (white pigments)	• 생산량이 가장 많음 • 파우더류의 원료로 사용되는 물질 • 이산화 타이타늄(TiO_2, titanium dioxide), 산화 아연(ZnO, zinc oxide)
	체질안료 (extender pigments)	• 자체가 색을 내는 것이 아니라 색조를 조절하고 퍼짐성이나 피부 부착력 같은 사용성을 향상시키며 광택성 등을 조절 • 탈크(활석, talc), 카올린(고령토, kaoline), 마이카(운모, mica)
	착색안료 (coloring pigments)	• 메이크업 화장품 중 볼연지, 립스틱, 마스카라 등의 포인트를 화장품의 다양한 색채를 표현 • 산화 철류, 산화 크로뮴, 코청, 감청
천연색소 (natural colors)		• 동물, 식물 및 미생물에 의해 얻어지는 색소 • 안전성이 높으며 색조가 선명하고 약리효과를 가짐 • 합성색소에 비해 착색력, 내광성, 내열성, 내약품성 등이 약해 많이 사용되지 않음 • 대량생산이 어려워 원가가 비쌈 • 순도 높은 색소를 얻기 힘듬 • 동물 색소: 연지벌레(코기닐 색소), 성게(니키도 크로뮴) • 식물 색소: 자근(시코닌 색소), 당근(베타 카로틴, β-carotene), 헤너(henna), 홍화(잇꽃)의 꽃잎(카르타민, carthamin), 클로로필(chlorophyll) • 미생물: 카로티노이드, 페나진
진주광택안료 (perlescent pigments)		• 립스틱, 눈 화장품 등 메이크업 화장품에 진주광택 또는 메탈감을 부여하기 위해 사용 • 규칙적으로 빛을 평형하게 다량 반사하여 진주광택 또는 메탈감을 부여하기 위해 사용 • 규칙적으로 빛을 평형하게 다량 반사하여 진주광택을 내는 색재 • 물고기 비늘을 많이 사용하여 왔으나 최근에는 운모타이타늄을 주로 사용
고분자 분체 (polymer powders)		• 고분자 기술에 의한 입자로 색 표현
기능성 안료 (functional pigments)		• 기존의 메이크업 화장품의 단점 개선을 목적으로 한 안료

10. 향료

향료(fragrance)는 화장품에 향기를 부여하거나 좋지 못한 냄새를 없애기 위해 첨가하는 물질이다. 향은 향수 자체의 향이 주목적인 제품도 있지만 기초 화장품, 모발 화장품 및 메이크업 화장품등의 모든 화장품에서 제품의 부가가치를 높이고 원료의 특유한 냄새를 마스킹(masking)하는 목적 등으로 광범위하게 사용된다.

향료의 종류로는 크게 자연의 동식물에서 얻어지는 천연 향료와 화학적인 방법에 의해 제조된 합성 향료로 나누어진다. 그리고 이 둘을 조합하여 원하는 향기를 창조해 내는 조합향료가 있다.

향료는 대부분 녹지 않고 유기 용매에 용해되는 유용성이고, 향기가 잘 발할 수 있도록 휘발성이 있어야 한다. 일반적으로 합성향료는 화학적으로 한 가지 구조를 가진 것이 대부분이지만, 천연향료는 여러 가지 분자가 혼합된 것이 대다수이다. 일반적으로 화장품에서 사용하는 향은 단일향이 아니라 이러한 향들을 적절히 섞은 조합향을 사용한다.

자연에 존재하는 동·식물로부터 얻을 수 있는 향료로서 현재까지 알려진 천연 향료는 약 1,500여 종에 이른다. 동물성 향료와 식물성 향료의 종류는 다음과 같다.

- **사향**(Cervidae)

사향노루의 생식선 분비물을 알코올로 희석시키면 냄새가 좋아지며 향기 성분은 무스콘(muscon)이며, 무스크(musk)라고도 한다.

- **영묘향**(Civet)

사향고양이의 분비물로 항낭에 모이는 황갈색의 연고상 덩어리이며 향기 성분은 시베톤(civeton)이다.

- **용연향**(Ambergris)

향유고래의 배설물로 향기 성분은 앰브레인(ambrein)이라고 하는 트라이터펜(triterpene) 화합물이다. 동양에서는 주로 향신료로 쓰였으며, 서양에서는 향수의 향기를 휘발하는 것을 막는 데 사용되었다.

●● **표 5** 화장품, 의약 외품, 의약품의 비교

이름	주요 성분	향취	용도
베르가못	리모넨(limonene)	오렌지의 쓴맛	감귤향, 오렌지향, 콜라
계피	신남알데히드(cinnamic aldehyde)	계피향, 자극성 맛	매운 향료, 캔디, 빵
정향	유게놀(eugenol)	부드럽고 매운향	향료, 의약품
그레이프프루트	리모넨(limonene)	시트러스향	주스류
페퍼민트	멘톨(menthol)	박하향	향료
패출리	터피넨(terpinene)	흙같은 약한 나무향	콜라
로즈마리	피넨(pinene), 보르네올(borneol), 시네올(cineol)	약한 약냄새, 나무냄새	향료
백리향	티몰(thymol)	약 같은 구운 맛	의약품
일랑일랑	벤질 알코올(benzyl alchohol), 크레졸(cresol)	방향성의 약한 오렌지향	음료

● **해리향**(Castor)

비버(beaver)의 항문에 있는 향낭에서 추출한다. 암수 모두 사향선을 가지는 향수로 사용되는 액체상의 카스토레움(castoreum)을 분비한다.

식물성 향료는 동물성 향료에 비해 구하기가 쉽고, 그 종류가 매우 많다. 식물성 향료는 식물의 꽃, 잎, 뿌리, 과실 등에서 얻을 수 있다. 원료가 되는 식물에 적절한 용매를 사용하여 추출된 식물성 향료를 에센셜 오일(essential oil)이라고 하고, 꽃에서 얻어지는 정유를 화정유(flower oil)라고 한다.

합성 향료는 정유, 석유 화학제품 등을 기초 원료로 하여 화학적으로 합성된 것으로 3,000여 종이다.

분자식 C_6H_6인 대표적인 방향족 탄화수소로 육원자 고리 방향족 화합물의 모체이며 벤젤(benzel)이라고도 한다. 쿠말린(coumalin)은 크레졸(cresol)에서 합성한 마른 잎의 향긋한 향기이고, 바닐린(vanillin)은 바닐라 특유의 감미로운 성향이며, 페닐에틸알코올(phenylethyl alcohol)은 스틸렌(stillen)에서 합성한 장미향의 향료이다.

아이소프렌(C_5H_8)을 구성단위로 하여 중합체(C_5H_8)n로 이루어지는 탄화수소 및 그 유도체의 총칭으로 테르페노이드, 이소프레노이드라고도 한다. 시트랄(citral)은 레몬향이고, 보르네올(borneol)은 비누의 향료이며, 멘톨(menthol)은 박하유의 주성분으로 청량감을 준다.

11. 알칼리제

알칼리제(alkaly agents)는 지방산(fatty acid), 카르복시비닐폴리머(carboxyvinyl-polymer) 등을 중화하기 위한 목적으로 사용된다.

수산화 소듐(sodium hydroxide)은 백색의 고체로 물에 잘 녹고 그 수용액은 강한 알칼리성을 나타낸다. 또한 부식력이 강하여 화장비누, 목욕비누 등의 경질비누를 만들 때 사용한다.

수산화 포타슘(potassium hydroxide)은 백색의 고체로 물이나 에탄올에 녹고 그 수용액은 일칼리성을 나타낸다. 비누 제조 시에는 수산화 소듐에 비해 덜 단단한 비누가 되는데, 이를 연질비누라고 한다.

트라이에탄올아민(triethanolamine)은 약간 연노란색의 점성 액체로 빛이나 공기에 노출되면 갈색으로 변하는 성질이 있다. 물과 잘 혼합되며 기초화장품 제조시 지방산이나 카르복시비닐폴리머의 중화제로 널리 사용된다.

12. 비타민

비타민 A(레티놀, Retinol)는 순수 비타민 A가 활성 형태인 레틴산(Retinoic acid)으로 변형되어 그 기능을 나타낸다. 레티놀은 표피 세포가 원래의 기능을 유지하는 데 중요한 역할을 하며 세포 분화를 촉진하고 세포 사이 조직물인 콜라겐, 엘라스틴 등 생합성을 촉진하여 주름을 감소시키고 피부 탄력을 증대시키는 효과가 있다. 레티놀 성분이 함유된 화장품은 햇빛에 반응하며 피부 트러블을 일으킬 수 있으므로 저녁에 사용하는 것이 바람직하다.

비타민 B2(리보플라빈, Riboflavin)는 해독, 성장, 세포의 재생 촉진, 건강한 피부와 손발톱 유지, 시력약화를 경감시키는 효과가 있다. 결핍 시 구강염, 설염, 눈충혈, 탈모, 지루성 피부염, 백내장 등을 일으킬 수 있다.

비타민 B3(나이아신, Niacin)은 피부와 점막을 보호하고 피부 노화 방지에 효과가 있으며 결핍 시 펠라그라(pellagra)가 발생하며 증상은 홍반이 통증을 수반하여 나타나기 시작하여 시간이 경과함에 따라 수포가 발생하기도 한다.

비타민 B5(판토텐산 혹은 판테놀, Pantothenic acid)는 정상적인 피부와 모발의 구성 성분으로 여드름을 억제하고 모발에 윤기를 주는 효과가 있다. 결핍 시 간 기능과 부신 기능에 장애를 일으켜 피부 질환 등의 증상이 생기는 것으로 알려져 있다. 심한 건조로 인해 생기는 아토피에도 효과적이어서 아토피 치료제로도 많이 사용된다.

비타민 B6(피리독신, Pyridoxine)는 항피부염 비타민이라고도 불리며 피지의 과다 분비를 억제해준다.

비타민 C(아스코브산, Ascorbic acid)는 항산화 작용, 멜라닌 생성 억제기능, 콜라겐 합성 촉진, 모세혈관 강화 등의 효과를 가진다. 비타민 C는 화학적으로 불안정하여 비타민 C가 함유된 화장품이 공기와 빛에 노출되면 빠르게 변질된다. 그래서 소량의 농도라면 피부에서 흡수와 대사가 효과적으로 이루어지지 않는다. 비타민 C는 수용성이므로 피부에 침투시키려면 비타민 C 유도체로 바꾸어야 한다.

비타민 C 유도체는 비타민 C에 인산을 첨가한 것으로 L-아스코르빅 액시드(L-ascorbic acid), 아스코르빌 팔미테이트(ascorbylpalmitate), 마그네슘 아스코르빌 포스페이트(MAP, magnesium ascorbyl phosphate), 아스코르빌 글루코사이드(ascorbyl glucoside) 등이 있다. 이온침투요법(iontophoresis)은 비타민 C 유도체를 피부에 침투시키는 방법으로 이용되고 있다. 비타민 C는 비타민 E와 함께 사용했을 때 서로 상승 효과가 있다.

비타민 D(칼시페롤, Calciferol)는 뼈의 성장과 건강에 관여하는 지용성 비타민으로 자연 식품 함유량은 적으나 피부에서 자외선을 받아 합성된다. 결핍되면 구루병이 나타나며 노화, 비만, 검은 피부 등의 현상이 일어난다.

비타민 E(토코페롤, Tocopherol)는 피부 세포막을 안정시켜 피부를 보호해주고 염증을 줄여주는 역할을 한다. 또한 강력한 항산화 작용으로 비누나 화장품에서 산패를 방지하는 역할을 한다.

비타민 H(바이오틴, Biotin)는 세포의 생성에 중요한 역할을 하며 손상된 케라틴을 회복시켜 손톱, 모발 등의 치유에 효과적이다. 결핍 시 습진, 탈모, 지루성 두피염과 같은 증상을 일으킬 수 있다.

비타민 P(바이오플라보노이드, Bioflavonoid)는 투과성 비타민이라고도 하며 노화 방지, 모세혈관 방지의 효과가 있다. 결핍 시 만성부종, 출혈 발생, 모세혈관 저항력 저해 등의 증상이 나타난다. 비타민 P는 비타민 C가 산화되어 파괴되는 것을 막아주는 작용을 하기 때문에 과육에 함유된 비타민 C의 효율적인 섭취를 도와준다.

표 6 비타민의 종류

구분	구조	작용
Vit A (retinol)	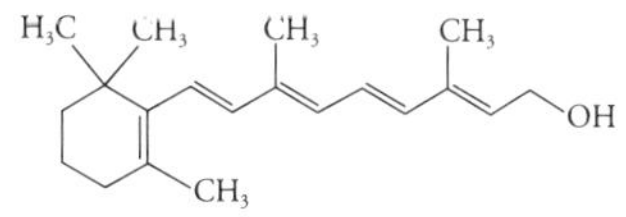	항질병 비타민, 조직의 재생과 유지, 각질조절
Vit B2 (riboflavin)	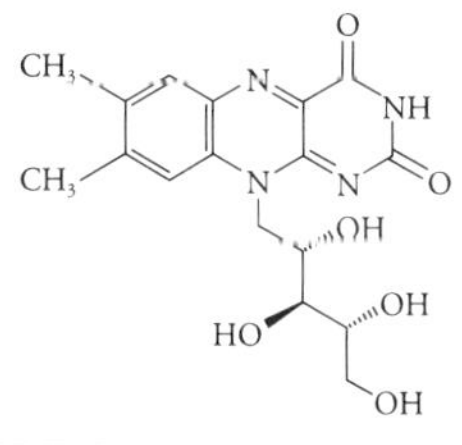	항피부 염증성 비타민, 알레르기, 지루성 및 여드름 피부
Vit B3(niacin)	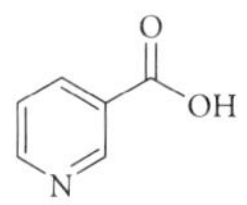	항페라그라 비타민, 피부 탄력, 염증 치료
Vit B5 (pantothenic acid)	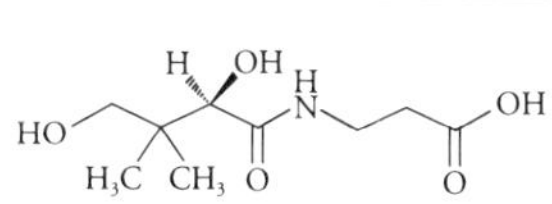	항스트레스 비타민, 면역력 증진효과
Vit B6 (pyricoxin)	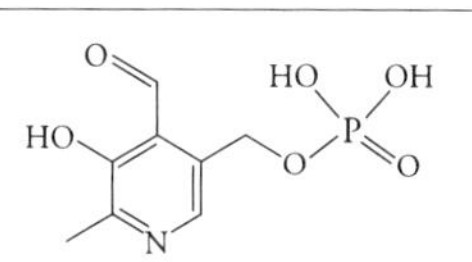	항피부염 비타민, 피지 과다 분비 억제

구분	구조	작용
Vit C (Ascorbic acid)	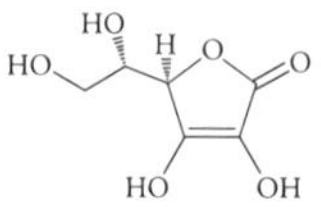	항산화 비타민, 콜라겐 합성, 모세혈관 강화, 미백작용
Vit D (Calciferol)	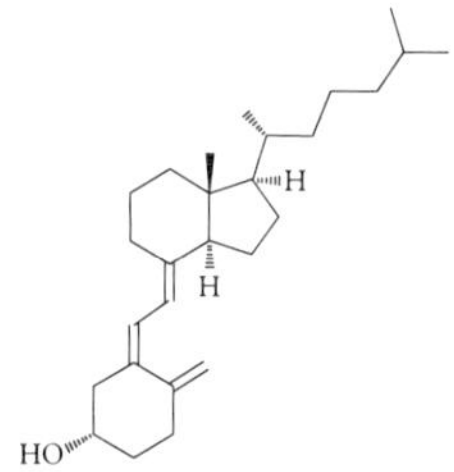	항구루병 비타민, 자외선 조사에 의해 뼈 발육 촉진, 세라마이드 합성 촉진
Vit E (Tocopherol)	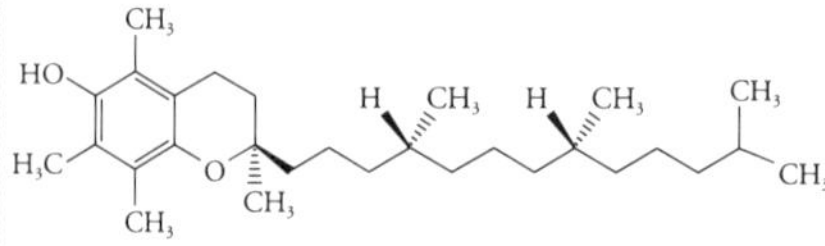	항산화 비타민, 산화 방지제, 혈액 순환 촉진
Vit H (Biotin)	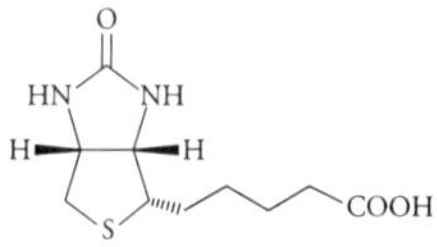	세포성장인자
Vit K (phytonadione)	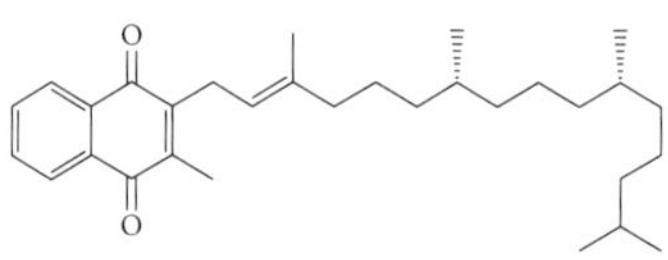	모세혈관벽 강화
Vit P (Bio Flavonoid)	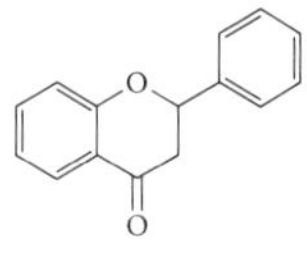	투과성 비타민, 모세혈관 강화

13. 펩타이드 화장품

펩타이드(peptides)는 일명 천연 보톡스라 불리는 성분으로 다른 활성 성분들보다 적용 시 피부 침투력이 높으면서도 자극적이지 않은, 시각적으로 눈에 띄는 극적인 효과를 경험할 수 있는 대표적으로 검증된 성분이다. 알파-아미노산(α-amino acid)이 2개 이상 결합한 형태의 작은 중합체(polymer)로, 다양한 아미노산의 혼합으로부터 생성된다. 단백질의 한 작은 파편이라 할 수 있는데 단백질은 살아있는 세포의 구성요소에서 가장 핵심적인 역할을 하며, 각각의 기능에 따라 호르몬, 면역 작용에 관여한다. 안티에이징을 위한 스킨케어 성분으로 활용되고 있는 대표적인 펩타이드 성분으로는 '아세틸 헥사 펩타이드-8', '팔미토일 펩타펩타이드', '쿠퍼 펩타이드' 등이 있다.

13.1 펩타이드의 종류

팔미토일 펜타 펩타이드는 지방산 성분인 팔미트산과 아미노산의 결합을 통해 만들어진 저분자 펩타이드 성분으로 일명 매트릭실(Matrixyl)이라고도 불린다. 지난 2000년 프랑스의 Sederma SA와 Proctor & Gamble이라는 회사에서 개발된 성분이다. 진피층의 단백질이 손상되거나 파괴될 때, 콜라겐과 엘라스틴의 생성을 자극하여 빠른 회복을 돕고, 피부 내의 히알루론산의 합성을 촉진시켜 피부의 수분을 조절하여 피부 건조를 방지하는 역할을 한다. 또한 광손상으로 인한 깊은 주름을 개선하는 효과를 발휘하며, 레티놀과 같은 효과를 제공하면서도 적용 시 피부에 가려움증 혹은 자극을 주지 않는 것이 장점이다. 세계 피부과 전문의 회의에서 발표된 연구 사례에 따르면 팔미토일 펜타 펩타이드를 4개월간 적용한 결과 주름의 깊이와 피부 질감이 상당히 향상된 것으로 밝혀졌다.

쿠퍼 펩타이드는 노화로 인한 피부 문세의 개선뿐만 아니라 흉터 형성을 자극하는 요소를 억제하고 상처 조직의 복원과 재생을 촉진함으로써 안티에이징 효능을 극대화하는 역할을 한다. 흉터에서 발견된 초대형 콜라겐 집합체를 파괴하도록 유도하고, 콜라겐 합성과 엘라스틴, 프로테오글리칸, 글리코스아미노글리칸 등 피부의 구조를 지지하는 요소들의 합성을 촉진시킨다. 또한 세포 타입의 성장 비율과 이동을 정상화하는 능력이 있어 피부의 염증을 방지하고, 산화된 조직이 퍼지는 것을 방지한다. 이에 면역 세포와 표피 줄기세포의 활성화를 촉진시켜 필링, 피부 복원을 위한 스킨케어에 시너지 효과를 가져다 준다. 뿐만 아니라 다양한 환경적인 유해 요소와 스트레스로부터 피부의 저항성을 높이기 위한 신호를 보내어 많은 구조 단백질들의 합성을 자극하여 콜라겐과 엘라스틴의 저하를 예방한다.

아세틸 헥사 펩타이드-8은 일명 보톡스 펩타이드라고도 불리며 2002년 국제 화장품 학회에서 처음 소개된 이후 지금까지 안티에이징을 위한 성분으로 각광받고 있다. 저분자 펩타이드 성분으로 피부 흡수가 빠르며, EWG 1등급(안전)으로 안정성 또한 높은 물질이다. 피부 적용 시 신경전달 물질인 카테콜아민의 작용과 세틸콜린의 방출을 억제하여 근육수축을 약화시킴으로써 주름의 발생을 감소시키는 보툴리눔 톡신의 단백질과 유사한 기전을 발휘한다. 예를 들어, 피부가 수축되고 영양이 결핍될 때 이를 빠르게 캐치하고, 피부 세포들에게 더 많은 콜라겐을 만들라는 경고 신호를 보내어 콜라겐 생성을 촉진시킨다. 펩타이드 성분을 활용한 스킨케어 적용 시, 피부에 콜라겐이 감소하고 있다는 착각을 심어줌으로써, 피부로 하여금 더 많은 콜라겐을 생성하도록 유도한다. 국제 코스메틱 사이언스 저널을 통해 10%인 아세틸 헥사펩타이드를 30일간 적용했을 때 실험자의 주름 깊이가 약 30% 완화된 것으로 그 효과가 발표된 바 있다. 화장품으로 적용 시 12~14%로 함량을 제한하며, 성분의 활성화 유지를 위해 밀봉한 뒤 햇볕이 드는 곳을 피해 1~5℃에서 저온 보관할 것을 권장한다.

펩타이드 소재를 사용한 화장품 제품의 예를 제조사별로 나열하여 「부록」에 표로 나타내었으니 참고하길 바란다.

표 7 화장품에 사용되는 펩타이드 및 그 효능

펩타이드의 종류	효능
sh-폴리펩타이드-11	피부 컨디셔닝 피부활성화 증대
sh-올리고펩타이드-2	피부 장벽강화 피부 주기 순환 촉진
아세틸헥사펩타이드-8	피부 결 관리
헥사펩타이드-12	피부 보호
카퍼트리펩타이드-1	피부 보호 피부 자극 완화
팔미토일트리펩타이드-5	수분 보유력 증대 피부 결 관리

제3장

피부

1. 경피

피부 표면을 통하여 침투된 물질이 여러 경로를 거쳐 표피를 투과하여 진피까지 도달하여 확산되는 현상을 경피 흡수(Percutaneous absorption)라고 한다.

- **침투**(penetration): 사용된 외부의 어떤 물질이 피부 표면을 통하여 피부 내부에 물리적으로 침입하는 것을 의미한다.
- **투과**(permeation): 침투된 물질이 표피를 통과하는 과정을 의미하며 피부 세포 자체를 통한 경로, 세포간 경로, 한선·모낭을 통하는 결로로서 진피로 유입된다.
- **흡수**(absorption): 침투된 물질이 피부 투과 과정 속에서 생리·화학적으로 신체의 물질과 결합하거나 또는 자신의 고유한 방법으로 피부 물질 변화와 에너지 변화에 관여하게 되는 것을 의미한다. 이러한 현상은 물리적인 흡수를 넘어선 신진대사의 한 과정이라고 할 수 있다. 즉, 침투된 물질이 피부 투과 과정 속에서 생리화학적으로 신체의 물질과 결합하는 것을 말한다.
- **재흡수**(resorption): 피부에 투여한 물질이 피하에서 혈관이나 림프관 또는 조직에 흡수되어 투여 물질의 작용이 모든 조직에 확산되는 것(표피를 통한 흡

수, 피부 부속기를 통한 흡수)을 말한다.

화장품의 유효 성분이 피부를 통하여 생체 내로 흡수되는 경로는 크게 표피를 통하는 경로와 부속기관인 피지선 및 한선을 통하는 두 가지 경로가 있다.

표피를 통한 경로(transepidermal route)는 다시 세포 통과 경로(transcellular route)와 세포 사이 경로(intercellular route)로 나눌 수 있다.

세포 통과 경로는 각질 세포를 직접 통과하는 경로로서 각질층 내의 케라틴화된 단백질 때문에 주로 극성이 높은 친수성 물질이 통과되는 경로이다. 피부에 가장 많은 양이 흡수될 수 있는 경로이지만 일반적인 물질은 각질층까지는 통과되어도 과립층에 있는 레인막으로 인해 과립층 이하 유극층까지 통과하기는 어렵다. 갈바닉 기기 등 전기 기기를 이용한 이온화 요법에 의해 흡수가 가능하며 스테로이드계 호르몬은 피부 세포를 통과하여 흡수된다.

세포 사이 경로는 피부 각질 세포 사이의 비극성 지방층을 통과하는 경로로서 친유성 물질들이 통과하는 경로이다. 이는 경피 흡수의 주된 경로라고 할 수 있다. 최근 리포솜(liposome) 또는 초미립 캡슐을 이용한 고도의 기술화된 화장품은 세포 사이 경로의 흡수를 위하여 제조된 것이다. 이들은 구조상 인체의 세포막과 유사하게 제조되어 세포 사이로 쉽게 유효 성분을 전달시킬 수 있다.

부속기관을 통한 경로(appendageal route)는 모공(毛孔)과 한공(汗孔)을 통하여 한선과 피지선이 연관된 모낭으로 흡수되며 각질층을 직접 통과할 수 없는 분자량이 큰 물질이 확산기전에 의해 미우 신속하게 흡수된다.

그러나 표피를 통한 경로에 비해 전체 면적이 총 피부의 0.1~0.5%로 상대적으로 매우 작으므로 물질의 흡수에 크게 영향을 미치지 않는 것으로 알려져 있다. 따라서 대부분의 물질들은 표피를 통하여 흡수되는 것으로 알려져 있으며 이때 각질층이 물질 흡수의 가장 큰 장벽으로 알려져 있다.

경피 흡수에 영향을 미치는 요인은 다음과 같다. 피부에 사용된 화장품의 흡수는 사용된 성분의 종류, 입자 및 제품의 형태, 사용 부위나 연령, 피부 상태, 혈액순환 등에 따라 다소 차이가 난다. 경피 흡수를 높이기 위해서는 흡수 촉진제를 사용하거나 피부 온도의 상승 및 수분의 증가, 기기의 사용 등 여러 가지 방법을 활용한다. 각질층의 습도가 높으면 각질층이 연화되어 물질의 투과가 잘 되며 온도가 상승하며 모공이 열려 투과가 잘 된다. 이를 위해 피부 관리를 실시할 때 스팀을 쐬거나 온습포를 도포한다. 각질층이 두꺼운 발바닥이나 손바닥은 물질이 잘 흡수되지 않는 반면, 각질층이 얇은 얼굴은 물질이 잘 흡수된다. 각질층이 얇은 피부는 유해물질의 흡수도 용이하므로 예민 반응이 쉽게 일어난다. 유아와 노인의 경우, 일반 성인에 비해 피부의 두께가 얇으므로 흡수가 더 잘 된다. 피부의 혈류량이 많을수록, 즉 혈액 순환이 잘 될수록 흡수가 용이하다. 피부 관리시 영양물질을 바르고 적외선을 조사하면 혈액 순환 촉진작용에 의해 영양물질의 흡수가 빨라진다. 피부 표면은 자연적인 유화 상태인 피지막으로 덮여 있으며 각질층 사이에는 세포간지질이 존재하므로 친수성 물질보다 친유성 물질의 흡수가 훨씬 용이하다. 여성 호르몬, 남성 호르본, 부신 피질 호르몬 등의 스테로이드나 비타민 A, D, E, K 등의 친유성 물질은 피부 흡수가 잘 되지만 친수성 물질은 피부 흡수가 어렵다. 지방 중 식물성 지방과 동물성 지방은 잘 흡수되나 광물성 지방은 피부에 흡수되지 않는다. 화장품에서는 식물성 지방이나 동물성 지방을 용매로 이용하여 물질을 흡수시키는데, 특히 양모에서 추출해 낸 라놀린(lanolin)은 수분을 흡수하여 잘 지탱하는 특성이 있어 유화제로 이용된다. 또한 분자량이 높은 것보다 낮은 것이 쉽게 피부에 흡수되며 대개 분자량 800 이하의 친유성 성분이 피부에 흡수되고 친수성 고분자의 경우 거의 흡수되지 않는다.

피부를 통한 흡수를 증가시키는 물리적인 방법은 이온 영동법(iontophoresis)과 마사지가 있다. 이온 영동법은 피부에 이온화될 수 있는 물질을 갈바닉 기기(galvanic machine)를 이용하는 방법으로 흡수가 어려운 수용성 물질의 흡수가 가능하다. 마사지는 혈액과 림프의 흐름을 촉진시켜 물질의 흡수와 재흡수를 도와준다.

화학적인 방법으로는 살리실산(salysilic acid)과 글리콜산(glycolic acid) 등의 AHA 성분으로 각질층 장벽의 단단한 결합을 와해시키는 방법이 있다. 그 밖에 요소(urea), 에탄올(ethanol), 프로필렌글리콜(propylene glycol)과 같은 흡수촉진제를 사용하여 피부 흡수를 높인다.

2. 피부 장벽

피부 장벽(skin barrier) 기능은 유효 물질의 흡수에 있어서 장애 요소로 작용하지만 외부로부터 유해 물질의 흡수에 있어서는 피부 보호 기능을 한다고 볼 수 있다.

각질층은 피부의 가장 바깥에 위치하여 외계와 직접 접촉하고 있는 각질층은 피부를 통한 수분과 전해질의 손실을 막는 장벽 역할을 함으로써 인체 방어기전의 제일선을 담당한다. 즉, 각질층은 피부를 통한 수분과 전해질의 손실을 억제함으로써 피부가 정상적인 생물학적 기능을 유지할 수 있는 환경을 제공하고 외부 환경으로부터 유해한 인자가 피부를 통해 침범할 때 이를 제일선에서 막아내는 역할을 한다.

피부의 수분은 약 90% 이상이 진피에 존재하고 있으며 가장 바깥층에 존재하는 각질층은 10% 이하이다. 이러한 극소량의 수분배합이 각질층 기능을 좌우한다.

각질층의 구성 성분은 각질 단백질인 케라틴(keratin) 5%, 세포 간지질(intercellular lipid) 11%, 천연보습인자(natural moisturizing factor) 31%가 함유되어 있다. 이 중에서 수분 손실을 방지하기 위하여 각질층에 존재하는 장치는 세라마이드(ceramide) 등을 주성분으로 하는 세포간지질과 아미노산으로 구성된 천연 보습 인자이다.

세포간지질은 각질 세포 사이를 연결해 주는 지질의 총칭으로 1975년 미카엘(Michaels)은 각질층 내에 존재하는 세포간지질 성분이 각질 세포(corneocyte) 사이에서 라멜라(lamella) 구조를 형성하여 단단한 시멘트와 같은 역할을 하며 이것이 바로 피부 장벽 기능의 근원이라고 발표하였다. 이러한 각질층의 구조는 벽을 쌓을 때 벽돌과 그 사이 사이에 채워지는 접착물인 시멘트에 견주어 '벽돌과 시멘트 모델(Bricks and mortar Model)'이라고 부르며 이때 각질 세포는 벽돌 역할을, 세포간지질은 시멘트 역할을 수행한다.

세포간지질은 표피 과립층에 존재하는 층판소체(lamellar body, odland body, lamellar granule)에서 분비되며 라멜라 이중 지방층(lamellar lipid bilayer)이라고

도 하며, 층상의 라멜라 구조를 이룸으로써 수분을 적절히 유지시킨다.

세포간지질의 주성분은 세라마이드 41.1%, 콜레스테롤(cholesterol) 26.9%, 콜레스테롤 에스터(cholesterol esters) 10.0%, 지방산(fatty acids) 9.1%, 소량의 파이토스핑고신(phytoshingosine), 스핑고신(sphingosine) 등으로 구성된다.

세라마이드는 스핑고신에 지방산이 연결되어 있는 구조를 가지고 있는 스핑고 지질의 일종이다. 세라마이드는 피부 각질층을 구성하는 세포간지질 중 약 40% 이상을 차지하며, 수분 증발을 억제하는 지질 방어벽 역할과 각질층의 정연한 구조를 유지하게 하는 기능을 가지고 있다. 피부 각질층은 각화된 세포가 벽돌 모양의 다층구조로 구성되어 있으며 이러한 각화세포는 세라마이드, 콜레스테롤, 유리지방산에 의해 견고히 결합되어 있다. 따라서 세라마이드가 함유된 제재를 피부에 도포함으로써 피부 장벽기능 및 피부보습에 도움이 된다는 보고가 있다. 그러나 천연 세라마이드는 추출의 어려움 등으로 대량생산이 어렵고 원료의 가격 또한 고가이기 때문에 제품으로 생산하기에는 많은 어려움이 따른다. 이러한 이유로 대부분의 화장품 제조업체에서는 경제적이고 사용이 용이한 합성유사 세라마이드를 사용하고 있다.

피부 각질층의 이상으로 인해 장벽기능이 약화되면 여러 가지 피부 질환이 발생하거나 악화가 수반된다. 아토피 피부염은 세라마이드의 감소가 원인인 질화이며 피부 노화가 진행될수록 각질층 내의 세라마이드 함량이 감소되어 각질 세포의 결합력이 감소하며 결국 각질층이 보호받지 못하게 되어 피부 수분이 손실, 자외선이나 화학 물질 등의 외부 자극에의 노출 및 각질 세포의 박리 현상이 발생하여 피부 표면은 거칠게 된다.

천연 보습 인자(Natural Moisturizing Factor, NMF)는 각질층에 존재하는 수용성 성분 등을 총칭하는 것으로 각질층의 수분량을 결정하며 적당한 수분 함량은 10~20%로 수분 함량이 10% 이하가 되면 피부가 건조해지고 각질이 일어나고 갈라지게 된다. 천연 보습 인자는 각질층에 있는 세포층에서만 유일하게 발견되며 각층에 수분을 붙잡는 능력을 가지고 있기 때문에 건조한 환경에서도 각질층은 상당량의 수분을 보유할 수 있다.

천연 보습 인자의 주성분은 아미노산(amino acid) 40%, 무기염 18.5%, 피롤리돈 카복실산(Ppyrrolidone Carboxylic Acid, PCA) 12%, 젖산염(lactates) 12%로 구성되어 있다.

피지막(acid mantle)이란 피부 표면을 덮고 있는 얇은 막으로 피지선에서 나온 피지와 한선에서 나온 땀으로 구성되어 있으며 산성막 혹은 천연 보호막이라고도 한다.

피지선에서 만들어지는 피지는 반유동선의 유성 물질로서 트라이글리세라이드(tryglyceride) 41%, 지방산(fatty acids) 16.4%, 왁스(wax) 25.0%, 스쿠알렌(squalene) 12.0%, 콜레스테롤(cholesterol) 1.4%, 콜레스테릴 에스터(cholesteryl ester) 2.1%로 구성되어 있으며, 하루의 분비량은 약 1~2 g 정도이다. 피지 중에 함유되어 있는 콜레스테롤, 라놀린 인지질 등의 지방은 땀과 기름을 유화시키는 기능을 한다.

한서에서 분비되는 땀은 약산성으로 세균의 번식을 억제하는 작용을 하며 땀에는 염화소듐(NaCl), 요소(urea), 젖산(lactic acid), 암모니아(ammonia) 요산(uric acid), 크레아티닌(creaticnine) 등이 소량 함유되어 있다.

피지막은 피부 표면을 항상 pH 4.5~6.5 정도의 약산성 상태로 유지시켜 미생물의 번식을 막고 피부와 모발을 윤기 있고 부드럽게 해 준다. 로션이나 크림류는 이러한 천연 보호막의 역할을 대신해 주는 인공 피지막의 역할을 한다. 피지막은 세안 후에는 일시적으로 제거되기도 하지만, 정상적인 피부의 경우 일정시간이 지나면 피지와 땀이 분비되어 본래의 상태로 돌아가는 복원력을 가지고 있다.

피지막은 보통 상태에서 기름 속에 수분이 일부 섞인 유중수형(W/O형) 유화 상태이나, 땀을 흘리게 되면 땀이 빨리 증발되어 체온을 일정하게 유지하도록 하기 위하여 수중유형(O / W형) 유화 상태로 된다. 결국 피부 표면의 성상에 크게 영향을 미치는 피지막은 유중수형과 수중유형 사이에서 가역적인 전환을 하면서 피부 표면의 수분 조절에 기여하게 된다.

외부로부터의 수분의 흡수와 피부 내부로부터의 수분의 증발을 저지해 주는 막을 레인막(rein membrane) 또는 수분저지막(barrier zone)이라고 한다. 수분 이외에 외부의 이물질 침입을 막을 뿐만 아니라 체내에 필요한 물질이 외부로 빠져나가는 것을 억제한다.

레인막은 표피의 과립층과 투명층을 포함한 서너 겹의 피부층에 존재하며 이 영역을 생체학적 전기 공간 상태라고 한다. 이 영역에 나타나는 전기적 전위차에 의해 피부층의 생체전기의 흐름이 어떤 전기적 공간 상태를 형성하게 된다. 이러한 이유로 유효 물질이 피부 깊숙이 침투되어 흡수되기 위해서는 특수한 향장학적 조제 기술과 갈바닉 기기와 같은 특수 기기가 필요하다.

세포막(cellular membrane)은 주로 인지질로 구성되어 있어 세포의 특성상 수용성 또는 지용성 물질만을 흡수하며, 일종의 선택적 삼투막으로 되어 있어 통과하여 들어가기가 용이하지 않다. 갈바닉 기기가 유효 물질이 세포막을 통과하는 데 도움을 주며, 화장품 성분 중 유효 물질의 운반 시스템으로 개발된 리포솜(liposome)은 생체 세포막과 유사한 인지질 이중층 구조로 되어 있어 생체 세포막과 친화력이 우수하므로 유효 물질이 효과적으로 세포막에 용해되어 흡수된다.

3. 표피

표피의 수분 함량은 기저층에서 과립층 하부까지는 65~70% 정도로 비교적 일정하지만 과립층과 각질층의 경계 부위에서는 40%로 감소하며 각질층의 상부로 갈수록 15%까지 감소한다. 보통 정상인의 경우 수분 함량은 10~30% 정도이며, 수분량이 10% 이하가 되면 유연성과 탄력성이 저하되어 방어기능이 손상되기 쉬운 상태가 된다.

피부를 통한 수분의 손실은 두 가지 경로, 즉 땀과 표피를 통한 증발로 이루어지며 이 중 표피를 통한 수분의 이동을 '경표피 수분 손실(Transepidermal Water Loss, TEWL)'이라고 하며 신체 내부에서 외부로 수분이 수동 확산되는 과정에서 생기는 현상을 말하며, 각질층에서 피부 장벽기능의 대표적인 지표로서 사용된다.

이러한 경표피 수분 손실은 정상피부에서 시간당 10~30 g/m^{2}의 범위이며 피부 장벽이 손상 받을 경우 손상 정도에 비례하여 증가하게 된다. 즉, 피부 장벽이 손상되면 지질 손상 및 수분 보유능력의 감소로 인하여 경표피 수분 손실이 증가하고 피부건조증이 유발된다. 특히, 각질 세포간지질 중에서 세라마이드의 양과 각질층의 수분 함량은 직접적으로 연관성이 있다. 따라서 비침습적인 기기를 이용하여 경표피 수분 손실량을 측정함으로써 피부 장벽 손상 정도와 시간에 따른 회복률을 평가할 수 있다.

4. 진피

피부를 탄력 있게 유지하기 위해서는 진피층의 결합 섬유, 즉 교원 섬유(collagen fiber)와 탄력 섬유(elastic fiber)가 그물 모양으로 잘 짜여져 있어야 하며 진피의 수분량이 풍부하게 보존되어야 한다. 진피의 보습에는 이러한 결합 섬유 사이를 채우고 있는 물질을 기질(ground substance)이라고 하며, 무정형의 젤 상태의 물질인 무코다당류(mucopolysaccharide 혹은 글리코사미노글리칸(Glycosaminoglycans, GAGs)이 주성분이다. 무코다당류는 히알루론산(hyaluronic acid, HA), 콘드로이틴 황산(chondroitin sulfate), 헤파린 황산(heparin sulfate)으로 이루어져 있다. 특히 히알루론산은 자기 몸무게의 100~1,000배에 해당하는 다량의 수분을 보유할 수 있으며 보습력이 매우 뛰어나다.

이렇게 진피가 보유한 수분은 보통의 물(자유수, free water)과는 달리 생체 내에서 강하게 결합되어 있어 쉽게 마르거나 얼지 않는 특별한 성질을 나타내는데, 이러한 물을 결합수(bound water)라고 한다. 따라서 진피의 기질은 결합수를 만들어 냄으로써 높은 보습 효과를 나타낸다고 할 수 있다.

5. 피부 건강

피부의 영양이란 피부의 성분을 건강하게 유지해 생활 속에서 받게 되는 여러 가지 자극에 대한 저항력을 높임으로써, 피부의 건강과 아름다움을 더 길게 유지해 주는 것이다. 건강한 피부는 표면이 부드럽고 윤기가 있으며 탄력과 촉촉한 느낌이 있다. 피부를 만졌을 때 부드럽다는 것은 피부가 함유하는 수분의 양이 적절

●● **표 8** 산성 식품과 알칼리성 식품의 종류

식품	산성 식품	알칼리성 식품
잡곡류	쌀겨, 밀기울, 현미, 메밀, 보리, 밀가루	강낭콩, 대두, 팥, 두부
육류	닭고기, 말고기, 돼지고기, 쇠고기	·
어패류	오징어, 참치, 문어, 잉어, 도미, 굴, 연어, 장어, 미꾸라지, 전복, 새우, 김	미역, 다시마
해조류	아스파라긴, 쇄기나물	생강, 시금치, 토란, 당근, 감자, 우엉, 양배추, 무, 죽순, 고구마, 오이, 가지, 양파, 고사리
채소류	·	바나나, 밤, 딸기, 귤즙, 사과, 감, 배, 포도즙, 수박
과일류	·	표고버섯, 송이버섯
버섯류	유지, 버터, 치즈	우유, 인유
유지류	달걀노른자, 땅콩, 김, 유부, 맥주, 빵, 두부, 된장	김치, 달걀흰자, 포도주, 커피

하다는 의미이며, 수분은 피부의 탄력과 피부결을 좌우하는 가장 중요한 요소이다. 건강한 피부의 각질층은 15~20%의 수분을 함유하고 있으며 수분이 부족하면 피부가 건조해지고 윤기와 탄력이 없어져 주름이 증가하게 된다. 또한 건강한 피부는 피부의 혈액 순환이 좋아 혈색이 좋고 생기가 있으며 팽팽한 건강미가 넘쳐야 한다.

건강한 피부를 유지하기 위해 음식물은 중요한 요소인데 이를 건강식이라고 할 수 있다. 건강식의 조건은 균형 있는 시단과 적절한 양이라고 할 수 있는데 피부를 위한 음식물의 섭취는 미용식이라고 할 수 있다. 미용식의 정의는 건강식의 조건에, 피부의 성분은 그 기능에 필요한 영양분을 포함시킨 것이라고 볼 수 있다.

단백질의 공급원으로는 소고기, 돼지고기, 생선, 계란, 우유가 있는데, 이것들과 주로 함께 섭취하는 버터와 치즈는 모두 산성 식품이다. 따라서 알칼리성 식품인 채소, 과일도 함께 섭취하는 것이 좋다. 동물성 단백질은 각화가 순조롭게 진행되는 데 필요하며, 부족함 경우 피부 표면이 거슬거슬해진다. 또한 털, 손발톱을 튼튼히 하는 데에도 동물성 단백질이 필요하다. 탄력 섬유, 결합섬유도 동물성 단백질로 되어 있으므로 피부의 탄력과 팽팽함과도 관계가 있다. 간 기능에도 단백질이 필요한데, 해독에 중요한 작용을 하여 간접적으로 피부가 보호된다.

미용에는 당분이 적이라고 여겨지고 있다. 그러나 건강식에 당분이 함유되는 것은 칼로리를 일정하게 유지하기 위해 필요하기 때문이다. 다만 과하게 섭취하면 피부에 여러 가지 장애를 초래할 수 있다. 피부의 수분량이 증가하여 여러 가지 자극을 받기 쉬워지고 세균감염도 나타나기 쉽다. 또 당분이 지방으로 변하여 축적되기 때문에 비만체형이 되기 쉬울 뿐만 아니라 피지 분비량도 증가한다. 특히, 지성 피부에서는 더욱 조심해야 한다. 당분의 과잉 섭취는 알코올을 섭취할 때와 마찬가지로 체내의 비타민 B군, 특히 비타민 B1, 비타민 B2의 소비량을 증가시킨다. 따라서 이럴 때에는 비타민 B군을 섭취할 필요가 있다.

지방을 섭취하면 피지 분비가 증가하는 동시에 피지의 질적 변화도 나타난다. 다만 피지에 대한 영향력은 지방의 질에 따라 달라지는데, 예를 들어 돼지고기의 지방은 여드름에 좋지 않으나 소고기의 지방은 여드름을 그다지 악화시키지 않는다. 또 땅콩유의 종류에 따라서도 여드름의 악화 여부가 달라진다.

의학적으로 볼 때, 미네랄이 혈중에 많은가 적은가는 건강과 밀접한 관계가 있다. 혈액의 삼투압을 일정하게 유지하는 데 중요하기 때문인데, 이는 혈액과 피부 사이에서 수분의 균형을 일정하게 유지하는 근간이 된다. 특히, 식염이 큰 역할을 하는데, 하루에 10~20 g, 평균 15 g이 적량이다. 피부의 수분량은 포타슘에 의해서도 영향을 받는다. 포타슘이 적어지면 피부의 수분량이 증가하여 부종이 나타난다. 일반적으로 포타슘은 식물성식품에 많고 칼슘은 동물성 식품에 많다. 칼슘은 주로 우유를 통해 섭취할 수 있으며 하루에 600 mg이 필요하다. 칼슘이 부족해지면 신체의 저항력이 약해져 신경계가 흥분하기 쉽고, 그 결과 피부가 불안정해진다. 때문에 민감해진 피부 관리에는 칼슘이 꼭 필요하다. 칼슘을 함유한 음식물로는 치즈, 우유, 난황, 굴, 대합조개, 바지락, 당밀, 코코아, 초콜릿, 견과류, 호두, 양상추, 양배추, 파, 색양배추, 당근, 딸기, 오렌지(칼슘을 많이 함유고 있어도 수용성이 아닌 것은 이용가치가 낮음) 등이 있다. 칼슘이 체내에서 흡수되기 위해서는 비타민 D의 작용이 중요하므로, 비타민 D가 부족해지지 않도록 신경 써야 한다. 일광욕을 충분히 하고, 간유, 계란, 표고버섯, 우유와 같이 비타민 D가 풍부한 음식

●● **표 9** 비타민의 종류 및 명칭

종류	형태	명칭	기능
수용성 비타민	B복합체	비타민 B1 (티아민)	활력비타민, 에너지 생성
		비타민 B2 (리보플라빈)	효소 작용 보조, 발육 촉진
		비타민 B3 (나이아신)	지방산 대사, 세포 호흡
		비타민 B5 (판토텐산)	지방산의 합성
		비타민 B6 (피리독신)	단백질 대사, Hb 합성
		비타민 B7 (바이오틴)	지방 합성, 탈모
		비타민 B9 (엽산)	DNA합성, 항우울증
		비타민B12 (시아노코발라민)	엽산 대사
	비타민 C	비타민 C (아스코르브산)	항바이러스제, 괴혈병
지용성 비타민		비타민 A (레티놀)	피부 점막 보호, 여드름
		비타민 D (칼시페롤)	면역력 증대, 골다공증
		비타민 E (토코페롤)	황산화 작용, 혈액 순환
		비타민 K (K1필로퀴논, K2 메나퀴논)	항응고제, 당뇨 감소
제명된 비타민	체내합성	비타민 B4 (카르니틴)	지방질 대사
		비타민 B8 (바이오틴)	면역 기능 역할 피부염 치료
		비타민 L (알파리포산)	황산화, 당뇨 치료제
		비타민 U	위장점막, 피부 세포 재생
	통합	비타민 G (글루타싸이온): 비타민 B2로 통합	면역, 미백
		비타민 H (비오틴): 비타민 B7로 통합	모발과 피부 건강
		비타민 J (플라빈): 비타민 B2로 통합	성장 촉진
		비타민 M: 비타민 B9로 통합	세포 생성, 조혈제
		비타민 PP (니코틴산): B3로 통합	피부와 신경의 건강유지
	기타	비타민 F (리닐레산), 불포화 지방산	피부점막, 모발의 건강
		비타민 J (카테콜)	지혈 작용
		비타민 P (플라보노이드)	순환촉진, 항균 작용
		비타민 S (factor S)	엽산의 일종, 성장촉진

물을 섭취한다. 또 곡물 중에는 마그네슘이 많이 함유되어 있는데, 마그네슘은 오줌으로 배설될 때 동시에 칼슘의 배설을 촉진시킨다.

제4장

생약을 이용한 기능성 화장품 연구

화장품법 제2조에 의거한 기능성 화장품이란 피부의 미백에 도움을 주는 화장품과 피부의 주름 개선에 도움을 주는 화장품, 피부를 곱게 태워주거나 자외선으로부터 피부를 보호하는 데 도움을 주는 화장품이다. 구체적으로 설명하자면 피부의 멜라닌 색소 침착을 방지하는 화장품, 착색된 멜라닌 색소의 색을 옅게 하는 화장품, 피부의 주름을 완화 또는 개선하는 화장품, 피부를 곱게 태워주는 화장품, 자외선을 차단 또는 산란시켜 주는 화장품이다. 2017년부터는 여드름 관리에 도움을 주는 화장품도 기능성 화장품으로 인정하고 있다.

1. 항노화

노화(aging, senescence)는 인류를 포함한 모든 생물에 필연적으로 발생하는 불변의 자연 현상이다. 시간이 흐름에 따라 성장과 발육의 과정을 거쳐 성숙한 상태에 이르면 자연적으로 생명기능이 서서히 쇠락하면서 종래는 생명활동이 정지된다. 이러한 노화 과정(aging process)에서 피부는 노화의 척도를 가장 명확하게 표현해주는 조직기관 중의 하나이다. 피부 노화는 피부점막의 광택소실, 피부 조직의 탄성저하, 수분감소, 색소 침착, 주름 형성 등 피부의 형태학적인 변화와 생리학적인 변화의 관찰을 통하여 그 상태를 파악할 수 있다. 또한 피부 주름은 피부의 노화된 정도를 가늠할 때 기준이 되는 피부 양상이다. 최근에는 생활수준이 나아지고 피부 미용에 대한 관심이 높아지면서 피부 노화에 대한 관심도 높아지고 있다. 피부 노화를 완전히 막는다는 것은 불가능하지만 피부 노화 및 그의 대표 증상인 피부 주름을 억제하고 늦추기 위해 다양한 시도들이 행해지고 있다.

노화된 피부는 점점 얇아지고, 어떤 부분에는 양피지처럼 쪼글쪼글한 주름이 생기게 된다. 가시세포가 겨우 2~3층 정도의 두께로 얇아지며, 진피표피 경계부의 파형도 굴곡 없이 평평하게 되어 있다. 그래서 진피상층에 있는 것이 피부 표피에 비쳐 보이기 쉽다. 또한 노화된 피부에서는 진피 위주의 모세혈관이 확장된 상태로 있기 때문에 그 안에 혈액이 고이게 된다. 이것이 피부 표면에 비치면 빨간 줄무늬처럼 보이는데, 이를 모세혈관 확장(telangiectasia)이라고 한다. 모세혈관 확장이 관찰되는 피부는 노화된 피부라고 할 수 있다. 일반적으로 볼 부위에 처음 나타나고 두드러지게 되는데, 얼굴 피부부터 노화가 시작되기 때문이다.

피부 노화의 내재적 요인은 주로 유전적인 요인을 말한다. 외재적 요인보다 더 알기 어렵기는 하지만 내재적 요인으로는 가족력, 호르몬 변화에 대한 신체 영향과

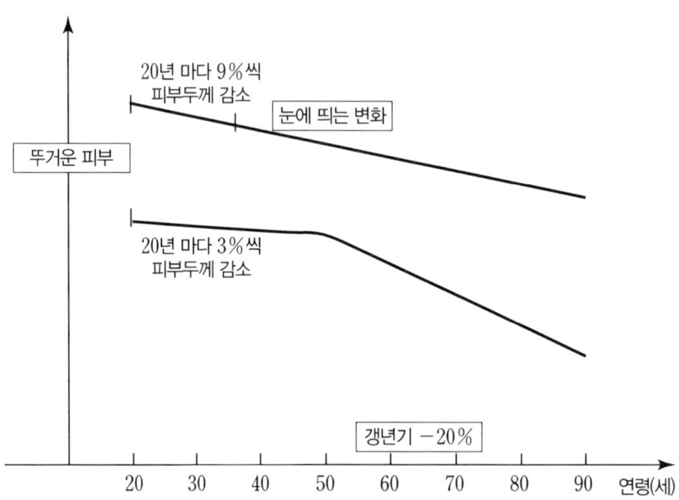

●● 그림 1 노화에 따른 피부 두께 변화

같은 유전인자를 포함한다. 유전적 요인은 피부 세포 및 조직의 구조와 변화를 결정한다. 이러한 내재적 요인은 결정적이며 조작불가능하다는 특징이 있다. 피부 노화의 내재적 요인 중에서도 가장 많이 거론하는 것은 말단소립(telomere)이라는 구조이다. 말단소립은 진핵세포 염색체 말단에 위치한 구조물로, 세포 단계에서의 세포 노화에 중요한 역할을 한다. 세포가 생리적으로 노화될수록 말단소립은 짧아지는 특성을 가지고 있어, 세포 수명의 시계와 같은 역할을 한다.

피부 노화의 외재적 요인은 일상적 생활방식인자가 포함되는데, 예를 들면, 오염이 많은 도시와 자외선에 많이 노출되는 시골 등을 생각해 볼 수 있다. 햇빛에 의한 피부 손상은 노화의 주된 원인이며, 흡연 또한 입가주름에 대한 주요 원인이 된다. 스트레스, 결혼 여부 그리고 우울증 등은 노화의 환경적 또는 외부 원인으로 간주되고 있다. 이처럼 외부에서 유래된 요인은 불가피한 요인이 아니고, 얼마든지 예방가능하고 피할 수 있는 요인이다. 즉, 흡연, 과도한 음주, 영양 부족, 햇빛에 만성적인 노출 등이 피부 노화를 촉진시키는 요인이지만 얼마든지 개인의 노력에 따라 조절이 가능하다는 것이다. 이러한 외재적 요인 중에서 만성적인 햇빛 노출이 피부 노화에 미치는 비중은 80% 이상 되는 것으로 보고 있다.

조기노화는 젊은 나이에 비해 겉늙어 보이는 피부 상태로 일반적인 노화와 똑같은 양상을 띠며 단지 그 원인이 내인성, 즉 생물학적인 피부 변화가 아니라 외인성 후천적 요인에 있다. 영양 결핍, 햇빛에 과도한 노출, 잘못된 일상생활 습관, 내장 장애, 정신적인 스트레스 등의 원인으로 나타난다고 알려져 있다.

노화의 원인과 발생에 대한 연구는 수세기에 걸쳐 이루어져 왔으나 인체 내에서 복합적으로 일어나는 현상이라 결정적인 원인을 100% 단정지을 수 없다. 하지만 최근 들어 여러 학자들에 의해 노화에 관한 많은 연구 결과들이 제시되면서 노화의 규명을 가능하게 하고 있다. 현재까지 DNA 프로그램 이론, 오류파국설(실수축적 가설), 자유 라디칼 이론, 텔레미어 가설 등 여러 가지 학설이 있지만 노화에 대한 논의 방향은 크게 DNA 프로그램설(유전기인설)과 자유 라디칼(free radical, 환경기인설) 이론으로 나눌 수 있다.

DNA 프로그램설은 즉, 태어나면서 미리 정해진 수순대로 노화의 증상이 나타나도록 프로그램이 유전자(gene)에 새겨져 있다는 것이다.

자유 라디칼설은 지금까지 제시된 노화 원인설 중 가장 그 합리성이 인정되고 있는 중요한 이론이다. 이 이론은 인간이 살면서 외부 환경으로부터 매일 조금씩 손상을 받게 되며, 그 손상이 계속적으로 축적되어 결국은 병을 발생시키고 우리 몸을 늙게 만든다는 것이다. 피부 노화에 가장 중요한 요인으로 작용하는 활성 산소는 피부 세포 및 조직 손상을 주도한다. 또한 이 들은 항산화 방어체계를 파괴함으로써 산화제와 항산화제 사이의 균형을 산화 상태 쪽으로 기울게 한다. 이러한 생체내의 산화는 외형적으로 나타나는 피부 노화에 큰 영향을 주게 된다. 그리하여 생체 노화뿐만 아니라 피부 노화에 관한 연구에서도 활성 산소에 대한 연구가 주목을 받고 있다. 이러한 유해 산소의 생성을 중화시키거나 작용을 막아주는 물질을 항산화제라고 한다. 우리가 호흡을 통하여 에너지를 생산할 때 슈퍼 옥사이드라는 활성 산소가 생기는데 이것을 처리하는 항산화제를 SOD(superoxide dismutase)라고 하며 비타민 A와 베타카로틴(beta carotene), 비타민 C, 비타민 E, 글루타싸이온(glutathion, GSH), 코엔자임 Q10, Alpha-Lipoic acid, L-Cysteine, 은행잎 엑기스 셀레늄(selenium), 포도씨유, 피크노제놀(pycnogenol), 아연(zinc) 등의 항산화 물질이 있다.

피부는 각질층에 존재하는 수분으로 탄력성과 유연성이 유지되므로(Obata and Tagami, 1989) 건강한 피부를 유지하기 위해서는 피부의 수분량, 즉 피부 보습력을 유지하는 것이 중요하다. 노화 피부(aging skin)의 초기 조짐은 피부의 건성화이다.

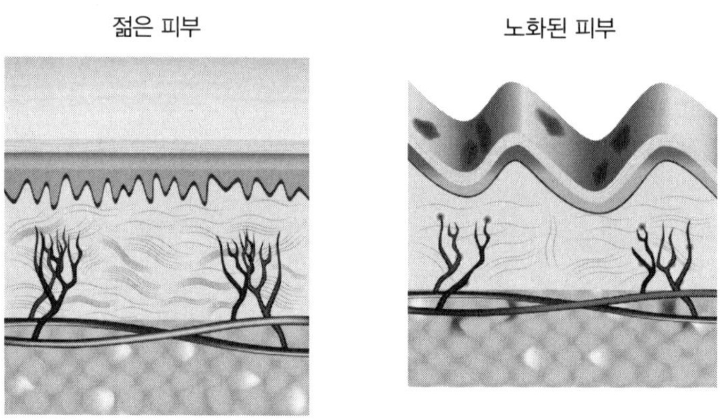

●● **그림 2** 젊은 피부와 노화된 피부 차이

피부가 노화하면 기름샘과 땀샘의 역할이 감소되어 세포의 보습량이 떨어지고 진피와 피하 지방층의 탄력성이 줄어들며 근육층도 늘어진다. 또한 세포 내의 수분이 메말라지면서 각질의 형성이 촉진되며 피부가 거칠어지고 주름이 형성된다. 피부 노화는 각질층의 정상적인 재생주기(turn-over) 감소로 인하여 각질의 누적과 비후(hyperplasia)가 나타나고 표피 수분 함유량의 감소로 주름발생이 촉진된다. 노화 피부의 조직 변화 중 두드러진 특성은 표피와 진피 사이의 경계면의 굴곡이 감소되어 편평해지는 것이다. 표피능이 평평해지면서 위축을 보이게 되고 랑게르한스 세포(langerhans cell) 수가 감소하며 표피와 진피의 경계부가 평평해진다. 이로 인해 표피와 진피의 경계면 접촉 면적이 감소하게 되어 표피로의 영양공급이 불충분해지고 표피와 진피가 쉽게 분리되는데, 이는 표피 지질의 간소와 수분 함유량을 떨어지게 하여 피부가 건조해지고 각질이 많이 일어나는 원인이 된다. 또한 피부는 나이가 들어감에 따라 진피층의 변화가 오게 되는데 대개 탄력을 상실하게 되며 점점 얇고 건성화되면서 깊은 주름살과 잔주름이 나타나게 된다. 젊고 건강한 피부에서는 교원 섬유(collagen fiber)가 입체구조를 이루고 그 사이에 신축성이 강한 탄력 섬유(elastic fiber)가 스프링처럼 작용하여 피부의 탄력을 유지하지만, 노화 피부에서는 진피가 위축되어 있고 세포수와 혈관이 감소되어 있는 특징을 나타낸다. 진피를 이루는 내부분의 세포인 섬유아세포(fibroblast)의 증식이 저하되고 비만세포(mast cell)가 감소되며, 혈관 감소는 진피의 상부에서 뚜렷하게 나타난다. 교원 섬유의 양도 성인이 되면서 매년 1%씩 감소하고, 감소되지 않고 남는 교원 섬유도 변성되어 두꺼워지며 제대로 정렬되지 않는 배열을 보인다. 탄력 섬유도 체내에서 생성되는 말론 다이알데하이드(malone dialdehyde)에 의해 분자 사슬 사이의 가교결합이 형성되어 신축성이 떨어지게 된다. 한편 노화에 따른 피지선의 수는 변화를 보이지 않으나 피지의 분비 정도는 감소하며 이는 폐경기 여성에게서 특징적으로 관찰된다. 반면 남성의 경우 피지 분비에 큰 변화가 없다. 따라서 피지 분비량의 감소가 노화 피부에서 건조 피부를 유발하는 것은 아닌 것으로 보고 있다. 노화의 단계가 진행되며 피하 지방은 감소하는데, 피하 지방(subcutaneous fat)의 감소는 물리적 자극에 대한 피부 저항력을 저하시켜 주름이나 처짐의 원인이 된다. 피부 부속기의 역할에 대한 연구 중 한선은 노인 피부에서 그 숫자가 현저히 감소되고 그 기능도 감소되는 것으로 알려져 있는데 이것이 땀 분비량의 감소와 연결되어 있더라도 직접적으로 건조 피부를 유발하는 요인은 아닌 것으로 생각되고 있다. 연령 증가에 따른 피부변화는 에스트로겐(estrogen) 감소와 함께 가속화된다. 일반적으로 여성의 노화가 일어나는 시기는 폐경기와 일치하는 것으로 보이며 50대 이후에 일어나는 변화를 단순히 연령 증가로 인한 현상인지 폐경 후 여성 호르몬 결핍으로 생긴 것인지를 명확히 구분하기 어렵다. 연령 증가로 인한 피부 변화 외에 햇빛에 노출되거나 흡연과 같은 수많은 환경적인 요인에 의해서도 피부 노화와 관련된 피부 변화에 영향을 미친다.

나이가 들면서 세포 생산과 피부 재생이 둔화되면 피부와 안색이 활기가 없고 푸석해 보인다. 각질형성세포의 케라틴 합성이 감소되며 각질층의 케라틴층과 자연 보습 인자들인 필라그린, 케리토히알린 입자 그리고 여러 효소가 감소된다. 각종 효소들의 결핍으로 인해 탈수 현상이 심해지고 죽은 각질 세포들은 제대로 떨어져 나가지 못하고 정체된다. 각질층의 수분 결핍 현상이 심화되며 세포외기질의 감소로 기저층에서 각질층까지의 수분의 이동 현상이 둔화된다. 피지 생산의 감소로 산성보호막 또한 부실해진다. 기저층에 있는 멜라닌 세포는 10년마다 대략 10~20% 정도씩 감소하는데 노화된 피부가 멜라닌 색소를 생산할 때는 색소의 성숙과 분산

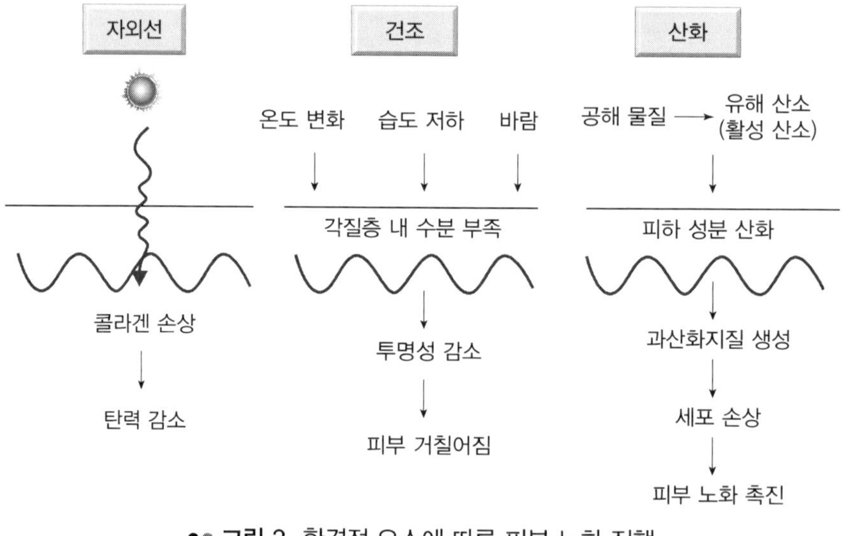

●● 그림 3 환경적 요소에 따른 피부 노화 진행

이 고르게 되지 않아 피부톤이 불규칙해 보이고, 전체적으로 얼룩덜룩해 보인다.

노화가 진행됨에 따라 피부의 구조를 지탱하는 기본 버팀목의 역할을 하는 섬유 조직으로 된 콜라겐과 탄력 섬유가 경화되고 불용성이 된다. 콜라겐 단백질 분자와 피부에 탄성을 주는 탄력 섬유가 가교화 과정을 겪게 된다. 세포 사이사이와 콜라겐과 탄력 섬유 등의 섬유질 사이를 채우고 있는 물질들을 기질이라고 한다. 기질은 수분을 보유하는 능력이 매우 강력한데, 노화가 진행됨에 따라 이러한 물질들이 감소하여 피부가 탄력을 잃게 된다. 이러한 기질 중 대표적인 것이 히알루론산(hyaluronic acid)과 뮤코다당류(mucopolysaccharide)인데, 단백질과 탄수화물 성분들이 복합되어 있어 낭난백질(glycosaminoglycans, GAG)이라고 한다. 노화가 진행되면 히알루론산 분해 효소(hyaluronidase)가 증가하여 진피에서의 히알루론산의 양은 점차 감소하게 된다.

노화가 진행되면 여성 호르몬의 감소와 더불어 견제의 대상이 없어진 테스토스

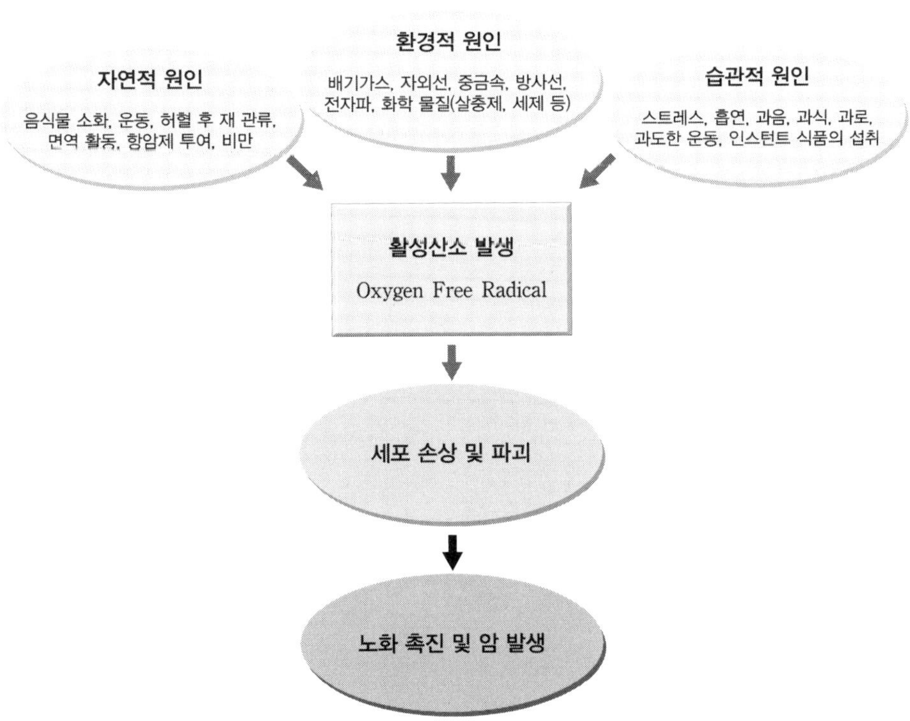

●● 그림 4 노화 촉진 요인

테론(testosteron)이 자유롭게 기름샘에 작용하여 피부에 기름분비를 촉진시키고 모공의 입구를 넓어지게 한다. 하지만 전체적으로 피지 생산은 감소된다. 기름샘에서 생산된 피지는 약산성으로 피부각질층의 pH를 대략적으로 5.5 정도를 유지하게 한다. 피지들은 산성보호막의 한 부분을 형성하면서, 각질층의 수분들이 탈수되는 것을 방지해 주는 역할을 한다. 감소된 피지와 이로 인한 산성보호막의 결손으로 외부로의 탈수현상이 증가되면서 피부는 수분이 부족한 건성으로 바뀐다.

피부 노화를 앞당기는 원인으로는 피부의 염증을 들 수 있다. 염증의 정도는 가벼운 것부터 심한 것까지 다양한데, 알아채지 못할 정도로 가벼운 염증이라도 지속되면 피부 노화를 초래하므로 주의해야 한다.

활성 산소 노화란 인체가 섭취한 산소의 약 95% 이상은 세포의 대사과정에서 생성되는 전자와 결합하여 물로 환원되지만 2~3%의 일부 산소가 불완전 환원으로 전자를 흡수하려는 과정에서 세포를 파괴하는 작용을 말한다. 사람은 나이를 먹음에 따라 생체에는 산화 물질인 활성 산소(O_2.OH), 산화 질소(NO), 과산화 수소(H_2O_2) 등의 혈액 내 농도가 올라가게 되어 각종 질환과 세포의 노화가 촉진된다. 활성 산소는 피부 세포의 손상을 유발한다. 활성 산소가 지나치게 많아지면 체내의 항산화 방어 체계를 무너뜨리고 그 결과 단백질, 지질, DNA와 같은 세포 성분이 손상되어 세포기능이 변질되고 궁극적으로 피부 노화가 촉진된다. 또한 활성 산소

●● **표 10** 내인성 노화와 광노화의 차이

구분	내인성 노화	광노화
주름	가늘고 얕은 주름	거칠고 깊은 주름
표피의 두께	감소	증가, 세포 비정형
진피의 두께	감소	증가
콜라겐	감소	급격히 감소
엘라스틴	감소	증가, 변성(무정형 물질)
섬유아세포	감소, 불활성	증가, 활성 증가
무코다당류	감소	증가
랑게르한스	감소	감소
모세혈관	소실	확장

는 결합 조직을 손상시킨다. 활성 산소는 교원질 대사에 작용하여 직접적으로 교원질을 파괴시킬 뿐 아니라 콜라겐의 결핍을 초래하게 된다. 활성 산소는 히알루론산 사슬도 절단하는데 히알루론산의 생물학적 역할 중 하나는 세포들 사이의 공간에서 많은 양의 물을 함유하는 능력으로 피부의 탄력성을 유지하며 충격을 흡수하는 일이다. 따라서 히알루론산 사슬의 절단은 피부 탄력 감소와 피부 수분 감소, 피부 노화를 가속화시키게 된다.

활성 산소를 제거하기 위하여 항산화제와 항산화 효소가 쓰이는데, 대표적인 항산화제로는 베타카로틴(beta carotene), 비타민E(tocopherol), 코엔자임 Q10(coenzyme Q10), 녹차의 기테킨 등이 쓰이고 있다.

항산화 효소로는 활성 산소 분해 효소라 불리는 수퍼옥사이드 디스뮤테이스(superoxide dismutase, SOD), 카탈레이스(catalase) 등이 있다.

플라센타(placenta)는 과거에는 소에서 추출했으나 최근에는 돼지의 태반에서 추출하며 피부 신진대사와 재생작용이 탁월하다.

알란도인(allantoin)은 과거에는 구더기, 요산에서 추출하였으나 최근 컴프리 뿌리

●● 표 11 천연물을 이용한 항노화에 대한 연구

소재	효능	논문 정보 및 저자
꽃송이버섯 추출물	항균, 항산화	J. of Korean Oil Chemists' Soc. Vol. 32, No. 4, 2015
선학초 에탄올 추출물	항산화, 항염증	Kor. J. Aesthet. Cosmetol. Vol. 10, No. 4. 2012
섬초롱 용매 분획물	항산화	한국식품영양과학회지 Vol. 41, No. 10. 2012
오미자 씨 오일	항산화	J. of Korean Oil Chemists' Soc. Vol. 29, No. 2, 2012
조팝나무 뿌리 열수 추출물	항산화, 항염증	한국자원식물학회지 Vol. 30, No. 4, 2017
함초 메탄올, 에탄올 추출물	항산화	대한피부미용학회지 제9권 제4호 2011
배롱나무 가지 추출물	항산화	Korean J. Plant Res. Vol. 27, No. 1, 2014

에서 추출한다. 보습, 상처 치유, 재생작용을 하며 미세한 각질 제거효과가 있다.

프로폴리스(propolis)는 밀랍에서 추출하며 피부 진정, 상처 치유, 항염증 작용, 면역력 향상작용을 한다. 각종 비타민과 아미노산이 함유되어 있어 신진대사가 좋다.

2. 미백

미백제(whitening agents)란 피부의 멜라닌 생성을 억제하여 맑고 투명한 피부색을 유지하기 위한 목적으로 사용된다. 이를 위해 멜라닌 생성에 관여하는 타이로시네이스(tyrosinase)의 저해물질이 널리 쓰이고 있다. 현재 미백 제품을 개발하기 위해서는 고시 원료를 제품에 적용하거나 새로운 미백 원료를 개발하여 이를 제품에 적용하고 식약청의 인증을 거쳐야 미백 기능성 화장품이라 표시할 수 있다. 우리나라에서는 수많은 미백 소재 중 안전성과 안전성이 확보된 소재를 중심으로 성분들을 선별하여 식약청 관할하에 기능성 미백 성분으로 고시하고 있다. 멜라닌 형성세포 자체를 사멸시키는 작용을 하는 하이드로퀴논(hydroquinone)은 피부 적용 시 접촉성 피부염을 일으키고 심하면 백반증을 일으킬 수 있어 화장품 배합 금지 원료이다. 약용으로 병원이나 약국에서 판매되는 크림에는 5% 미만 사용된다.

알부틴(arbutin, 화학식: hydroquinoneβ-D-glucopyranoside)은 진달래과의 월귤나무 잎에서 추출한 하이드로퀴논 배당체로 타이로시네이스의 활성을 저해하여 멜라닌 색소의 형성을 억제하는 것으로 알려져 있다. 알부틴은 인체에 대한 독성이 없으며 미백 작용이 우수하다. 또한 비타민 C와 함께 사용하면 미백효과를 높일 수 있다.

코직산(kojic acid)은 누룩 곰팡이의 발효액에서 얻어지며 누룩산이라고도 한다. 발효액은 주로 아스페르길루스(aspergillus)와 푸른 곰팡이(penicillium) 같은 여러 진균에서 추출된다. 피부에 대한 코직산의 작용은 타이로시네이스의 활성을 억제하여 멜라닌을 환원시키는 효과가 있다.

비타민 C는 아스코브산(ascorbic acid)이라고도 하며 강한 환원력을 갖고 체내에서는 산화 환원 반응에 관여한다. 비타민 C는 안전성(safety)이 높은 반면 안정성(stability)이 부족하여 제제의 안정화를 목적으로 한 마그네슘 아스코르빌 포스페

●● 표 12 미백 메커니즘과 성분

구분	미백 메커니즘	성분
타이로시네이스 활성 억제제 (tyrosinase inhibitors)	타이로신(tyrosin)의 산화를 촉매하는 타이로시네이스의 작용을 억제	알부틴(arbutin), 코직산(kojic acid), 상백피 추출물(moricortex radicis extract), 닥나무 추출물(broussonetia papyrifera extract), 유용성 감초 추출물(oil soluble licorice glycyrrhi-za extract)
도파 억제제 (DOPA inhibitor)	도파(DOPA)의 산화를 억제	비타민 C 및 그 유도체 에틸 아스코르빌 에터(etyl ascorbyl ether), 마그네슘 아스코르빌 포스페이트(magnesium ascorbyl phosphate, MAP), 아스코르빌 글루코사이드(ascorbyl-2-glucoside), 아스코르빌 테트라 아이소팔미테이트(ascorbyl tetra isopalmitate)
멜라노좀 전달 억제제 (melanosome transfer ingibitor)	멜라노좀을 운반하는 작용을 억제	나이아신아마이드(niacinamide), 니코틴산(nicotic acid), 나이아신(niacin)
멜라닌 자극 호르몬 억제제(MSH inhibitor)	멜라닌 자극 호르몬(MSH, Melanin Stimulating Hor-mone)의 작용을 억제	세피화이트(sepiwhite), 멜라노스타트(mela-nostat)
세포독성(cytotoxicity)	멜라닌 형성 세포 자체를 사멸	하이드로퀴논(hydroquinone)
각질 세포의 박리 (exfoliation of corneocyte)	각질 세포를 박리함으로써 각질 세포로 전달된 멜라닌 색소를 박리시킴	AHA, BHA, 태반추출물(placenta extract), 살리실산(salicylic acid), 레틴산(retinoic acid), 아젤라익산(azelaic acid)
자외선 차단 (sun screen)	자외선을 흡수하거나 산란시킴으로써 멜라닌 색소 생성을 억제	이산화 타이타늄(titanium dioxide), 산화 아연(zinc oxid), 벤조페논(benzophenone) 유도체, 파라옥시안식향산(para aminobenzoic acid, PABA) 유도체
산화 방지제 (Antioxidant)	활성 산소를 제거하여 멜라닌 생성 억제	녹차추출물(theae folium extract), 코엔자임(coenzym e) Q10, SOD(superoxide dis-mutase), 토코페롤(tocopherol)

●● **표 13** 천연물을 이용한 미백에 대한 연구

소재	효능	논문 정보 및 저자
목단피, 복분자, 빈랑자, 음양곽, 단삼, 천궁, 초두구, 오배자, 강황 에탄올 추출물	미백 (Tyrosinase 억제)	대한피부미용학회지 제7권 제3호 2009
삼채 추출물	멜라닌 형성 억제	Kor. J. Aesthet. cosmetol. Vol. 12, No.2, 2014
신선초 추출물	멜라닌 형성 억제	Korean J Food Preserv Vol. 18, No. 6, 2011
아가위 열매 에탄올 추출물	미백 (Tyrosinase 억제)	한국식품영양과학회지 Vol. 46, No. 10, 2017
차가버섯 메탄올 추출물	미백 (Tyrosinase 억제)	한국버섯학회지 제11권 2호 2013
육종용, 판람근, 질려자 추출물	멜라닌 형성 억제	한국동물매개심리치료학회 제2권 제1호 2013
강화추출물	멜라닌 형성 억제	Kor. J. Aesthet. cosmetol. Vol. 12, No. 3, 2014
딱지꽃 뿌리 추출물	멜라닌 형성 억제	J Appl Biol Chem Vol. 59, No. 1, 2016
흑마늘 추출물	미백 (Tyrosinase 억제)	한국식품영양과학회지 Vol. 39, No. 5, 2010

이트(magnesium ascorbyl phosphate, MAP)와 같은 비타민 C 유도체의 형태로 사용된다.

감초 추출물은 감초 뿌리와 줄기에서 추출하며 해독, 소염, 상처 치유, 자극 완화 효과가 있다. 타이로시네이스의 활성을 억제하여 색소가 침착되는 것을 방지한다.

3. 자외선 차단

미자외선(ultraviolet)은 태양광선 중 파장 범위가 200~400 nm인 것으로 지표에 도달하는 태양광선의 약 6%를 차지한다. 자외선은 파장 범위에 따라 320~400 nm

를 UVA, 290~320 nm를 UVB, 200~290 nm를 UVC로 구분한다. UVA는 장파장 자외선으로 실내 유리를 통과할 수 있기 때문에 '생활 자외선'이라고도 하며 진피 깊숙이 침투하여 색소 침착(pigmentation)과 콜라겐 손상에 의한 주름 발생의 원인이 된다. UVB는 중파장으로 비타민 D의 합성을 촉진하는 장점이 있지만 진피의 상부까지 침투하여 색소 침착과 함께 일광화상(sunburn)을 일으키며, UVC는 각질층에서 대부분 산란되나 피부암의 원인이 되는 것으로 알려져 있다.

자외선 차단 화장품에는 자외선 흡수제와 자외선 산란제로 나눌 수 있다. 자외선 흡수제는 피부 표면에 발랐을 때 자외선을 흡수하여 화학적으로 열에너지로 전환시켜 피부 내에 침투하지 못하도록 방출시키는 물질이다. 주로 여름철 자외선 차단 화장품에 많이 첨가되는데 대표적인 것으로는 벤조페논(benzophenone) 유도체, 파라 아미노벤조익산)(para aminobenzoic acid, PABA) 유도체, 파라메톡시신남산(para methoxycinnamate) 유도체 등이 있다.

자외선 흡수제는 투명하기 때문에 보기에는 좋지만 많이 배합하게 되면 접촉성 피부염을 일으킬 수 있으므로 국가별로 최대 배합 한도를 엄격히 규제하고 있다. 자외선 흡수제 가운데 PABA는 독성이 있는 것으로 알려져 그대로 사용하지 않고 대부분 그 유도체들이 사용된다. 따라서 PABA를 함유하지 않고 그 유도체를 배합하거나 다른 자외선 흡수제를 배합한 자외선 차단제품에는 'PABA free'라는 표현으로 표시하기도 한다.

자외선 흡수제는 크림, 로션 등의 기초 화장품에 사용되었으나 최근에는 자외선 차단 효과를 높이기 위해 자외선 산란제와 흡수제를 혼합하여 사용하고 있다.

자외선 산란제는 자외선을 산란, 반사시켜 피부 내부로 침투되지 못하도록 물리적으로 자외선을 차단한다. 주요 성분으로는 이산화 타이타늄(TiO_2, titanium dioxide), 산화 아연(ZnO, zinc oxide), 운모(mica), 탈크(talc), 카올린(kaolin) 등의 분말 형태가 사용된다. 초미립자의 이산화 타이타늄과 산화 아연은 무기안료로서 사용되며 자외선을 효과적으로 산란시킨다. 자외선 산란제는 차단 효과가 우수하고 접촉성 피부염과 같은 부작용은 없으나 불투명하기 때문에 크림이나 로션에 많이 배합하면 보기에 좋지 않은 단점이 있다. 자외선 산란제는 파운데이션 등의 메이크업 화장품에 사용된다.

●● 표 14 자외선에 의한 영향

자외선의 종류	침투 깊이	영향
UVA(장파장) 320~400nm	진피	• 생활 자외선 • 즉시 색소 침착(direct pigmentation) • 콜라겐 손상에 의한 주름 발생 • 광노화(photo ageing)
UVB(중파장) 290~320nm	표피 기저층 또는 진피 상부	• 비타민 D 합성 • 일광화상(sunburn) • 간접 색소 침착(indirect pigmentation)
UVC(단파장) 200~290nm	오존층에 흡수	• 살균 작용 • 피부암(skin cancer)의 원인

자외선 차단 지수(Sun Protection Factor, SPF)는 UVB를 차단하는 제품의 차단 효과를 나타내는 지수를 말하며, 자외선 차단제품을 도포하지 않은 부위에 UVB를 조사하여 얻은 최소 홍반량을 자외선 차단제품을 사용하여 얻은 최소 홍반량으로 나눈 값이다. 최소 홍반량(Minimum Erythema Dose, MED)은 UVB를 사람의 피부에 조사한 후 16~24시간에서 조사 영역의 거의 대부분에 홍반을 나타낼 수 있는 최소한의 자외선량을 말한다.

SPF = 자외선 차단제품을 사용했을 때의 MED / 자외선 차단제품을 사용하지 않았을 때의 MED

UVA 차단 효과는 수치로 표시하지 않고 정도를 등급으로 분류하여 자외선 A 차단 등급(Protection grade of UVA, PA)이라고 하며 차단 효과의 정도는 PA+(one plus, 2~4시간), PA++(two plus, 4~8시간), PA+++(three plus, 8시간 이상)로 나누어 표시하며 +가 많을수록 차단 효과가 크다.

자외선 A 차단 지수(Protection Factor of UVA, PFA)는 UVA를 차단하는 제품의 차단 효과를 나타내는 지수로서, 자외선 차단 제품 도포 부위와 제품을 도포하지 않은 부위의 최소 지속형 즉시 흑화량(Minial Persistent Pigment darkening Dose, MPPD)비를 말한다. 즉, 자외선 A 차단 지수(PFA)는 자외선 차단제품을 도포한 피부의 최소 지속형 즉시 흑화량의 몇 배에 해당하는가를 나타내는 숫자이며 자외선 A차단 등급(PA)은 UVA 차단 효과의 정도를 나타낸다.

최근 들어 광노화의 주범으로 UVA의 유해성이 알려지면서 자외선 차단 지수(SPF)보다 자외선 A 차단 지수(PEA)를 사용하자고 제안해 왔으며 1990년대 후반부터 화장품 회사에서는 UVA를 차단하는 제품들이 출시되어 사용되고 있다.

선탠(suntan) 화장품은 피부 상태가 손상되지 않고 자외선에 의해 서서히 멜라닌 색소의 생성량이 늘어나 그을리게 하는 화장품이다. 피부가 강한 자외선에 오랜 시간 노출되면 피부 조직에 손상이 가서 피부가 빨갛게 되고 화끈거리는 썬번(sunburn)이 일어난다. 자외선 중 파장이 짧은 UVB는 에너지가 강하므로 피부를 검게 태우는 동시에 피부에 썬번을 일으킬 위험이 있고, 상대적으로 파장이 길고 에너지가 적은 UVA는 피부를 서서히 태우게 된다. 따라서 대부분의 선탠 화장품은 UVB를 차단할 수 있는 자외선 차단제를 적절히 함유하고 있다. 셀프 탠닝(self-tanning) 제품은 주성분이 다이하이드록시아세톤(dihydroxy acetone, DHA)으로 피부의 아미노산을 갈색의 색소로 만들어 준다.

셀프 탠닝 제품은 자외선에 의한 피부 손상이 전혀 없고 다이하이드록시아세톤이 피부 각질층의 윗부분에만 작용하기 때문에 멜라닌 색소를 만드는 기저층에는 영향을 주지 않아 색소 침착의 우려가 없다. 보통 바른 뒤 2~3시간 지나면 피부가 점차 갈색으로 변하며 보통 6시간 정도 지나면 효과가 나타난다. 셀프 탠닝 제품은 원하는 부위에만 선택적으로 사용할 수 있으며 바르는 횟수에 따라 색상도 조절할 수 있는 장점이 있다. 그러나 지속력이 3~4일 정도이므로 계속적으로 탠닝 색상을 유지하고 싶으면 2~3일 간격으로 덧발라 주는 것이 좋다. 단, 제품을 바른 후 즉시

●● 표 15 천연물을 이용한 자외선 차단에 대한 연구

소재	효능	논문 정보 및 저자
익모초 추출물	각질형성세포 손상 보호	한국자원식물학회지 Vol. 29, No 1, 2016
황금 추출물	자외선 차단	J. Soc. Cosmet. Scientists Korea Vol. 39, No. 2, 2013

손을 씻어 손바닥이 색소 침착으로 까맣게 변하지 않도록 주의해야 한다.

4. 주름 개선

주름이란 후진적으로 발생하는 피부의 비틀림 혹은 표피와 진피의 변형이라고 표현할 수 있다. 노화가 진행됨에 따라 피부가 늘어지고 주름이 증가한다. 피부에 주름이 잡히는 것을 주름살이라고도 한다. 일반적으로 주름은 나이가 들어가며 피부 표피의 두께에는 변화가 없지만 배열의 치밀성이 떨어지고, 표피와 진피 사이의 융기가 점점 평평해지고 멜라닌 세포와 랑게르한스 세포의 수도 감소하여 발생한다. 피부 노화가 가장 현저한 부위는 진피층이며, 상부 1/3 부분에서 특히 심하다. 기저 물질들이 감소되고, 탄력 섬유의 노화가 진행되면서 지지하고 있던 교원 섬유의 물결 모양의 배열이 엉성해지고 진피의 두께도 감소되며 이러한 요인들에 의해서 주름살이 나타난다. 가장 잘 알려진 요인으로는 햇빛을 들 수 있다. 지속적으로 햇빛에 노출되면 진피의 콜라겐 섬유, 탄력 섬유 등의 변성이 초래되고, 피부가 건조해지면서 피부 노화가 일어난다. 그 결과로 주름살이 생길 수 있다. 얼굴 표정도 주름 생성에 영향을 주는데, 근육이 계속 수축하면 피부주름살이 발생한다. 이때 발생하는 주름은 일반적으로 다른 원인에 의해 발생한 주름보다 깊다. 중력도 주름 생성에 영향을 주는데, 중력은 피부를 아래쪽으로 지속적으로 잡아당겨 늘어지게 만든다. 또한 피부의 건조함도 주름에 영향을 주는데, 나이가 들면서 피부의 수분을 유지시켜 주는 샘기능이 떨어지면서 피부가 건조해지고, 건조해진 피부는 거칠어지고 탄력이 떨어져 주름이 형성된다. 피부에 존재하는 콜라겐(collagen)의 양은 합성되는 양만으로 결정되지 않는다. 피부(skin)에는 콜라겐을 분해하는 기질금속단백질분해 효소(matrix metalloproteinase, MMP)라고 하는 효소가 존재한다. 이 효소가 얼마나 많은 콜라겐을 분해하는지가 피부에서의 콜라겐의 양을 결정하는 중요한 요소가 된다. 즉 세포에서 합성되는 콜라겐 양에서 효소에 의해 분해되는 양을 빼면 피부가 실제로 이용할 수 있는 콜라겐 양이 되는 것이다. 정상피부에서는 MMP라는 효소는 필요이상의 콜라겐이 만들어졌을 때 과다한 콜라겐을 분해하거나, 콜라겐 섬유가 손상을 받아 정상이 아닐 경우에 작동하여 손상된 콜라겐 섬유를 분해하는 등 피부의 콜라겐 섬유를 정상적으로 유지하기 위한 역할을 하고 있다.

표피성 주름은 눈 밑에 자잘하게 옆으로 뻗어 있는 몇 가닥의 주름과 같이 그 깊이가 표피 수준까지 형성된 주름을 말하다. 표피의 건조로 인해 일시적으로 생기는 주름이므로 건조주름이라고도 하며, 보습을 통해 개선할 수 있다. 웃을 때 생기는 눈가주름, 인상을 쓸 때 생기는 미간주름, 눈을 올릴 때 생기는 이마주름 등은 얼굴의 표정을 짓는 데 쓰이는 근육에 의한 주름이다.

진피성 주름은 피하 지방 등의 물질이 줄어들어 생기는 주름으로 주름의 깊이가 진피수준까지 달하는 경우가 많기 때문에 붙여진 이름이다. 팔자주름과 같은 주름은 나이가 들면서 피하 지방이 줄어들고 노화와 중력의 영향으로 광대뼈와 피부를 연결하는 결합조직이 약해져 광대뼈 부위의 피부와 피부밑조직이 쳐져서 생기는 주름이다. 눈꼬리나 이마 등의 표정근의 방향과 수직으로 자잘하게 있는 주름은 잔주름이라고 한다.

노인성 주름은 나이가 들수록 피부의 탄력이 떨어져서 생기는 잔주름을 말하며 눈 밑, 눈 옆 등 얼굴과 목에 잔주름이 늘어나게 된다. 여러 가지 원인이 있을 수 있지만 주로 진피의 탄력성을 유지하는 콜라겐과 엘라스틴의 합성 감소가 주원인이다. 주름의 깊이가 더욱 깊어지면 눈이나 입주위, 얼굴의 윤곽 등에 큰 주름이 생기게 하기 때문에 이를 큰주름이라고 한다.

나이가 들어가면서 피부를 구성하는 성분들의 변화가 두드러진다. 특히, 진피내 탄력성을 유지하는 콜라겐과 엘라스틴이 합성이 감소되기 시작하면서 주름이 생기기 시작한다. 콜라겐 섬유는 다른 신체조직이나 수분을 붙잡는 특성이 있지만 나이가 들면 그 특성이 사라지게 된다. 또한 노화되는 세포의 수는 늘어나고 있지만 새로운 세포의 생성을 돕는 회복 능력이 떨어져 주름이 늘어나기도 한다. 특히 진피의 콜라겐 섬유와 탄력 섬유가 파괴되고, 표피와 진피 경계 부위의 세포와 모세혈관의 수가 현저히 줄거나 변화를 가져오면서 주름살이 생기는 원인으로 작용한다.

유전적 요인이 얼굴의 주름살(ruck)에 영향을 주고 인종에 따라 주름살 양상에 많은 차이를 보인다. 서양인에서의 주름살과 한국인에서의 주름살은 많은 차이를 보이고 있는데, 한국인에는 서양인에 비하여 굵은 주름살이 생기는 경향이 있으며, 주로 이마, 눈 주위, 입주위에 낡은 주름살이 두드러진다. 반면에 백인에서는 굵은 주름살보다는 이마와 뺨에 잔주름이 많아 더 늙게 보이는 사람이 있다. 또한 노인이 되어도 주름살이 별로 없는 사람이 있다. 아직까지 주름살과 연관된 유전자가 무엇인지는 알 수 없으나 유전적 영향을 받는 것은 분명하다. 표피와 진피의 구조적 기능 변화로 피부가 점차 탄력성을 잃게 되고, 폐경기(menopause) 이후의 여성은 호르몬의 영향으로 노화 현상(myocardium, aging effect)이 더욱 촉진된다.

얼굴에 존재하는 근육의 분포와 움직임에 따라 주름살이 발생하게 된다. 항상 얼굴에 짜증이 섞여 있는 표정을 짓는 경우에는 이마에 내천(川)자의 굵은 주름이 생기며 항상 웃고 있는 얼굴에는 눈 주위에 잔주름이 많은 경향이 있다. 이런 경우에는 근육을 마비시켜 근육의 움직임을 억제함으로서 주름살을 개선시킬 수 있다. 요즘 유행하는 보톡스 시술법(보툴리눔 독소 시술법, botulinum toxin therapy)이 이 원리를 이용하는 것이다.

태양광선에 포함된 자외선(ultraviolet rays, UV)이 피부의 주름살을 유발시킨다. 얼굴과 같이 자외선에 오랫동안 노출된 피부에는 주름살이 더 굵게, 더 많이 발생된다. 그러면 자외선이 어떻게 주름살을 유발할까? 이 의문에 대한 정답은 확실하지 않으나, 자외선에 의해 교원질 및 탄력 섬유 등의 기질 단백질(matrix protein)이 손상되어 피부 내 교원질의 양이 부족해지고, 탄력 섬유가 변성되어 주름살이 유발된다고 본다. 노화에 따른 진피 내 교원질 결핍은 섬유아세포에서의 교원질 합성이 감소되거나, 효소에 의한 교원질의 분해가 증가되었을 경우에 생긴다.

흡연(smoking)은 피부 노화를 촉진한다. 한국인을 대상으로 한 연구결과에 따르면 하루 1갑씩 30년간 담배를 피우는 경우에는 담배를 피우지 않는 사람에 비하여 2.83배 이상 심한 주름살 발생 위험도가 높으며, 50년간 흡연력이 있는 경우에는 5.53배 정도 주름살 발생 위험도가 높았다.

여성의 경우 폐경 이후에는 주름살이 더욱 많이 발생하며 폐경 이후 여성 호르몬(estrogen)을 복용하는 여성에게는 복용하지 않는 경우에 비하여 주름살의 발생이 감소한다. 이와 같은 결과로 폐경 이후의 에스트로젠 감소가 피부의 주름살을 악화시킴을 알 수 있으며, 에스트로젠 이외의 다른 호르몬도 중요한 역할을 하고

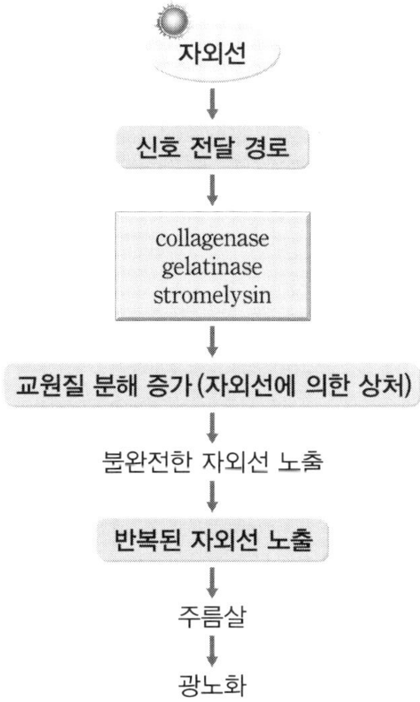

●● 그림 5 자외선에 의한 광노화

있을 것으로 추측할 수 있다.

피부 노화는 진피 내 함수량이 부족하여 주름과 늘어짐이 발생하는 것이다. 물론, 피부 표면의 수분 부족은 기본적으로 있으므로 기본 화장품으로 친유친수성 성분을 공급해주면 된다. 하지만 진피에 수분을 공급하기에는 화장품으로서는 어려운 부분이 많다. 피부는 기본적으로 우리 인체를 외부로부터 보호하기 위한 보호막 기능이 흡수기능보다 훨씬 뛰어나기 때문에 약이 아닌 이상 진피까지 특정 성분을 전달하기에는 어려움이 많다. 그렇다면 얼굴을 붓게 만들어 진피의 함수량을 높이면 되는데, 아침에 일어나 얼굴이 퉁퉁 부어 있으면 일시적으로 탄력이 생기는 것 같고 주름이 좋아져 보이는 것과 같다.

열노화(thermal skin aging, 열노화 피부)란 열에 의해서 피부가 노화되는 현상이다. 열은 콜라겐 생성을 저하시키고 탄력 섬유증을 일으키는 것으로 밝혀졌고, 서울대학교 피부 노화연구실의 인구에 따르면 배양된 피부 세포에 적외선과 같은 열 자극을 주면 41도 이상의 온도에서 MMP(Matrix Metalloproteinase, 기질단백질

●● 표 16 주름의 종류와 치료법

주름의 종류	치료법
잔주름, 얕은주름	AHA(알파히드록시산)나 트레티노인의 외용, 표피필링
중간정도, 깊은주름	표피하필링
국소부위의 깊은주름	콜라겐이나 히알루론산 주입
광범위하 깊은 주름	진피필링
표정주름	보톡스주사

분해 효소)의 발생이 증가한다고 한다. MMP들은 콜라겐 수유와 탄력 섬유 등 단백질을 분해하는 대표적인 효소이다. MMP의 증가는 곧 콜라겐 섬유를 파괴하게 되고, 때문에 열에 노출되는 기간이 증가할 수록 피부탄력이 떨어지고 주름이 생기게 된다는 것이다.

주름의 원인이 다양하고 그 다양한 원인에 맞는 치료를 한다는 것은 쉬운 일이 아니다. 따라서 피부에 주름이 발생하면 원래의 피부로 되돌아간다는 것은 어려운 일이다. 다만 원인에 따른 적절한관리를 통해 최상의 결과를 얻을 수는 있다. 피부는 나이가 들어감에 따라 연부조직이 점차 소실되고, 중력에 의해 피부가 처지면

●● 표 17 주름 개선에 효능이 있는 물질 및 작용

물질	작용
비타민 C	항산화 작용, 콜라겐 합성 촉진
비타민 E	항산화 작용
베타카로틴	항산화 작용
라이코핀	항산화 작용
아스타잔틴	항산화 작용
세라미드, 천연보습인자	표피(각질층) 개선, 세포 활성화
비타민 A(트레티노인)	섬유모세포 활성(매트릭스 성분 증가)
스핑고신 유도체	엘라스타제 생성 저해
포스포라미돈 유도체	엘라스타제 생성 저해
후코이단	인테그린 합성 촉진

서 주름이 발생하게 된다. 따라서 젊었을 때의 모습으로 돌아가려면 위축되어 소실된 부분을 채워 주면 된다. 주름의 깊이가 진피 수준까지 이르는 경우에는 치료가 어렵다고 여겨져 왔으나, 최근 들어 각종 항주름 요법이나 항주름 물질이 개발되고 있다. 하지만 더 중요한 것은 주름의 예방과 매일 매일의 손질 그리고 주름에 대한 긍정적인 인식이다.

목욕 후 사라지는 자잘한 주름은 세라미드나 천연보습인자 같은 보습제를 이용하여 충분히 감출 수 있고 개선시킬 수도 있다. 한편, 진피 수준까지 달한 주름에도 어느 정도 효과가 있다고 기대되는 물질로는 다음과 같은 것들이 있다. 모두 화장품에 배합되어 있는 성분들이다.

비타민 C, 비타민 E, 베타카로틴, 라이코펜(lycopene), 아스타잔틴(astaxanthin), 레티놀, 후코이단(fidordan), 스핑고신(spinngosine) 유도체, 에스트라디올(estradiol) 등이다. 레티놀은 이른바 비타민 A로, 트레티노인 정도의 효과는 없지만 완만한 주름 개선효과가 확인된다. 표피의 턴오버를 개선시키는 성분으로는 알파히드록시산(alpha hydroxy acids, AHA) 등이 있는데, 글리콜산이나 유산이 대표적인 AHA이다.

팩을 하면 피부를 당기므로 일시적으로 주름이 펴지지만 곧 다시 생긴다. 와이셔

표 18 천연물을 이용한 주름 개선 연구

소재	효능	논문 정보 및 저자
도화 에탄올 추출물	Elastase 저해 활성	J. Appl. Biol. Chem. Vol. 53, No. 3, 2010
밤나무잎 에탄올추출물	Elastase 저해 활성	생명과학회지 제23권 6호 2013
밤부산물(율피) 추출물	Elastase 저해 활성	생명과학회지 제21권 5호 2011
은행잎 추출물	MMP-1 활성 저해	J. of Korean Oil Chemists' Soc. Vol. 32, No. 2, 2015
음양곽, 복분자, 오미자, 구기자, 건지황, 사상자, 토사자 열수 추출물	Collagen 합성 촉진, MMP-1 활성 저해	생명과학회지 제17권 8호 2007

츠를 다렸을 때 옷의 주름이 깨끗하게 사라졌다가 입고 움직이는 동안에 다시 주름이 생기는 것과 마찬가지이다. 하지만 일시적이라 해도 주름이 펴지기 때문에 많은 사람들이 반복하여 팩을 사용한다.

얼굴마사지는 피부의 혈액 순환을 활성화시키는 데 목적이 있으며 적외선 조사를 병행해서 사용하는 경우에 효과는 더 좋다. 이것은 주름의 치료보다는 예방에 의의가 있다. 음식물에도 신경을 써서 단백질, 비타민 B, C를 충분히 섭취하도록 한다.

5. 여드름 화장품

여드름 화장품은 발생 원인에 따라 그 종류가 다양하다. 피지의 과잉 분비로 인한 여드름은 피지 억제제, 각화에 의한 모공의 폐쇄는 각질 박리 및 용해제, 세균 증식의 억제에는 살균제가 이용된다.

글리콜산(glycolic acid)은 각질 세포 접착을 감소시키고 많은 일반적인 피부 문제와 연관될 수 있는 과도한 죽은 각질이 쌓인 곳의 각질층 축적을 줄일 수 있다. 이것은 비정상적인 각질화를 이루는 세포간 결합제를 녹이는 작용을 하기 때문이다.

살리실산(salicylic acid)은 대표적인 각질 제거 상분으로 각질 용해효능과 더불어 피지를 용해하는 작용이 있어 모공 안에 있는 피지를 녹여 감소시킨다. 여드름을 신속히 개선시킬 수 있는 대표적인 여드름 필링제 및 스케일링제로 많이 애용된다.

유황(sulfur)은 피지선 활동을 줄이고 피부 표면의 건조하고 사세포들을 녹인다. 많은 여드름 제품의 주성분이며 주로 여드름용 비누와 크림 및 로션 그리고 피부 발진에 사용하여 치료를 촉진시킨다. 이것은 일부 민감한 사람에게는 알레르기 반응의 원인이 될 수 있다.

티트리 오일(tea tree oil)은 티트리의 잎을 증류하여 얻은 오일로 항균효과와 항진균 효과가 있어 여드름 치료에 많이 적용되고 있다. 화상, 베인 상처, 벌레 물린 데 등 여러 피부 질환에 오래 전부터 사용되어 왔으며 염증, 습진, 기생충 감염, 건선에도 사용되어 왔다.

캠퍼(camphor)는 캠퍼 나무의 잔가지나 잎에서 추출하며 중국과 일본 지역에서 방부제와 항염제로 매우 흔하게 사용되어 왔다. 방부 효과와 항염 작용으로 여드름 피부에 많이 사용되며 피부에 국소적으로 사용하면 차가운 냉동 효과를 줄 수 있다.

하마멜리스(hamamelis)는 하마멜리스 나무의 껍질과 나뭇잎의 잎맥에서 추출하며 지성 및 여드름 피부에 표피 밸런스를 회복시켜 주는 대표적인 성분이다. 표피를 약산성으로 유지시켜 천연 살균 작용을 해 준다. 추출액 속에 천연 알코올 함유량이 높아 천연 수렴제로 알려져 있다.

여드름을 유발하는 성분(comedogenic ingredient)으로는 아세틸레 라놀린 알코올(acetylate lanolin alcohol), 알킬 아크릴산 공중합체(alkyl acrylate copolymer), 해초추출물(algae extract), 세테아릴 알코올(cetearyl alcohol), 코코넛 오일(coconut oil), 미리스틸 미리스테이트(myristyl myristate), 아이소세틸 스테아르산(isocetyl stearate), 아이소프로필 미리스테이트(isopropyl myristate) 등이 있다.

●● 표 19 천연물을 이용한 피부 질환 연구

소재	효능	논문 정보 및 저자
동백나무 잎 추출물	여드름균에 대한 항균	Kor. J. Aesthet. Cosmetol. Vol. 10, No. 3, 2012
연교 추출물	비듬균에 대한 항균	Kor. J. Aesthet. Cosmetol. Vol. 12, No. 5, 2014
우슬 뿌리 추출물	TARC와 MDC의 발현 억제	J Appl Biol Chem Vol. 58, No. 1, 2015

제5장

화장품 품질관리

화장품 품질관리는 제조, 패키징, 유통 및 판매 과정에서 화장품의 품질을 유지하고 향상시키기 위한 일련의 절차와 활동을 의미한다. 품질관리는 소비자의 안전과 만족도를 보장하기 위해 중요한 역할을 한다. 화장품 품질관리는 소비자의 건강과 안전에 큰 영향을 미치므로 제조사와 소비자 간의 신뢰를 구축하는 데 중요한 역할을 한다. 품질관리는 고객 만족도 향상, 제품 안전성 확보, 제조 프로세스 개선 및 회사의 평판 강화를 위해 지속적으로 발전해야 한다. 이와 같이 소비자의 니즈를 충족하기 위한 화장품 품질관리의 주요 측면은 다음과 같다.

1. 원료 선정

화장품 제조에 사용되는 원료는 품질과 안전성이 보장되어야 한다. 품질관리팀은 원료 공급 업체와 협력하여 품질 인증서 및 안전성 검증 결과를 확인하고, 적합한 품질 기준을 충족하는 원료를 선택한다. 화장품 품질관리에서 원료 선정은 제품의 품질과 안전성을 보장하기 위해 매우 중요한 단계이다. 원료는 화장품의 제조에 사용되는 재료로서, 제품의 성능, 안정성, 효능에 직접적인 영향을 미치는 요소이다.

따라서 품질관리팀은 다음과 같은 측면을 고려하여 원료를 선정한다.

(1) 품질 인증서 및 규정 준수

원료는 제조사 또는 공급 업체로부터 제공되는 품질 인증서와 규정 준수 확인이 필요하다. 이러한 인증서는 원료의 품질과 안전성에 대한 정보를 제공하며, 제조사는 이러한 인증서를 통해 원료가 표준을 충족하는지 확인한다.

(2) 원료 품질 평가

제조사는 원료의 품질을 평가하기 위해 다양한 검증 방법을 사용한다. 이는 원료의 물리적 특성, 안정성, 성능, 효능 등을 평가하는 것을 의미한다. 예를 들어, 화장품 원료의 안정성은 pH 값, 마이크로생물 오염, 산화 안정성 등을 평가하여 확인할 수 있다.

(3) 안전성 평가

화장품 원료는 사용자의 피부와의 접촉이 있으므로 안전성 평가가 중요하다. 원료의 피부 자극성, 눈 자극성, 알레르기 원료 포함 여부 등을 평가하여 안전한 사용이 가능한지 확인한다.

(4) 공급 안정성

제조사는 원료의 공급 안정성을 고려해야 한다. 안정적이고 일관된 품질의 원료를 공급받을 수 있는 업체와의 장기적인 협력 관계를 구축하고 유지하는 것이 중요하다.

(5) 지속 가능성

지속 가능성 측면에서도 제조사는 원료의 선택에 주의를 기울여야 한다. 화장품 산업에서는 환경친화적이고 윤리적인 원료의 사용이 중요시되며, 자연 유래, 동물 실험을 하지 않은 등의 인증을 받은 원료를 선호한다.

(6) 원료 선정

원료 선정은 화장품 제품의 품질과 안전성에 직접적인 영향을 미치므로 제조사는 품질 인증서, 규정 준수, 품질 평가, 안전성 평가, 공급 안정성, 지속 가능성 등 다양한 요소를 고려하여 신중하게 원료를 선택한다.

2. 제조과정 관리

화장품 제조과정에서는 정확한 재료 비율, 제조 방법 및 공정 조건을 준수해야 한다. 제조 팀은 정확한 작업 절차와 품질 표준을 따르며, 제품의 일관된 품질을 유지하기 위해 모니터링과 점검을 수행한다. 화장품 품질관리에서 제조과정 관리는 화장품 제조 시 공정의 효율성과 일관된 품질을 유지하기 위해 수행되는 활동이다. 제조과정 관리는 다음과 같은 주요 측면을 포함한다.

(1) 작업 절차 개발

제조과정을 정확하게 수행하기 위해 작업 절차가 개발된다. 이는 원료의 정확한 측량, 혼합, 가열, 냉각 등의 과정을 포함한다. 작업 절차는 표준 운영 절차(SOP)로 문서화되며, 제조 팀은 이를 준수하여 품질을 일관되게 유지한다.

(2) 재료 관리

제조과정에서 사용되는 원료와 자재의 관리는 중요한 부분이다. 제조사는 원료의 공급을 관리하고, 원료의 정확한 수량과 품질을 보장하기 위해 원료 저장 및 보관 조건을 제어한다. 또한, 원료의 유통기한을 관리하여 만료된 원료를 사용하지 않도록 한다.

(3) 공정 모니터링

제조과정은 모니터링과 검증을 통해 품질을 보장한다. 이를 위해 공정 변수 및 제품 특성을 정기적으로 측정하고 기록한다. 예를 들어 온도, 압력, pH 등의 공정 변수와 제품의 물리적 특성을 모니터링하여 품질 문제를 조기에 감지하고 조치를 취할 수 있다.

(4) 기기 유지보수

제조에 사용되는 장비와 기기의 유지보수는 제조과정 관리의 중요한 부분이다.

기기의 정확성과 성능을 유지하기 위해 정기적인 점검과 유지보수 작업이 수행된다. 또한, 필요한 경우 기기의 교정(calibration)도 수행하여 정확한 측정 결과를 얻을 수 있다.

(5) 품질 통제 및 문제 해결

제조과정에서 발생하는 품질 문제에 대한 신속하고 효과적인 대응이 필요하다. 제조 팀은 품질 이상 사례에 대한 조사를 수행하고, 원인 분석을 통해 문제를 해결한다. 또한, 품질 문제의 재발을 예방하기 위해 과정 개선과 품질 통제 절차를 개선하고 강화한다.

제조과정 관리는 제조사가 일관된 품질을 유지하고 생산 과정에서 발생할 수 있는 품질 문제를 방지하고 해결하기 위해 중요한 역할을 한다. 이를 통해 고객에게 안전하고 효과적인 화장품을 제공할 수 있다.

3. 품질검사

제조된 화장품은 품질검사를 통해 기준에 부합하는지 확인된다. 이러한 검사는 제품의 물리적 특성, 안전성, 안정성, 성능, 효능 등을 평가한다. 일부 제품은 외부의 독립적인 검증 기관에서 인증을 받기도 한다. 화장품 품질관리에서 품질검사는 제조된 화장품의 품질을 확인하기 위해 수행되는 절차이다. 품질검사는 제품의 물리적 특성, 안전성, 안정성, 성능, 효능 등을 평가하여 표준에 부합하는지 확인하는 과정을 의미한다.

(1) 물리적 특성 평가

화장품의 물리적 특성은 제품의 외관, 색상, 질감, 향 등을 포함한다. 품질검사는 제품의 외관이나 미적인 요소에 이상이 없는지 확인한다. 예를 들어, 제품의 색상이 일관되고 제품의 질감이 적절한지 등을 평가한다.

(2) 안전성 평가

제조된 화장품은 소비자의 안전을 보장해야 한다. 품질검사는 제품의 안전성을 평가하기 위해 피부 자극성, 눈 자극성, 알레르기 원료 포함 여부 등을 확인한다. 이를 위해 인체에 대한 시험, 독성 평가, 안전성 문제에 대한 조사 등이 수행될 수 있다.

(3) 안정성 평가

안정성은 제품의 성분이 시간이 지나더라도 변화하지 않고 일관된 성능을 유지하는 것을 의미한다. 품질검사는 제품의 안정성을 평가하기 위해 제품의 pH 값, 접촉 안정성, 산화 안정성 등을 확인한다.

(4) 성능 및 효능 평가

화장품은 특정한 성능이나 효능을 제공해야 한다. 예를 들어, 보습 제품의 경우 피부 수분 유지 효과를 평가할 수 있다. 품질검사는 제품이 명시한 성능과 효능을 제공하는지 확인한다.

(5) 외부 인증 및 검증

일부 화장품은 독립적인 검증 기관이나 인증 기관에 의해 검증될 수도 있다. 이러한 외부 인증은 제품의 품질, 안전성, 윤리성 등을 확인하고 소비자에게 신뢰를 제공한다.

품질검사는 제조사가 제품의 품질을 보장하고 표준을 충족시키는 것을 확인하기 위한 중요한 과정이다. 이를 통해 고객에게 신뢰할 수 있는 화장품을 제공할 수 있다.

4. 포장 및 라벨링

화장품의 포장과 라벨링은 소비자에게 정확하고 명확한 정보를 제공해야 한다.

품질관리팀은 제품의 포장재료, 라벨의 내용과 외관을 검토하여 안전하고 정확한 정보가 표시되도록 한다.

화장품 품질관리에서 포장 및 라벨링은 제조된 제품을 적절하게 포장하고 라벨을 부착하는 과정을 포함한다. 이 단계에서는 제품의 안전성, 정보 제공 및 규정 준수가 중요한 요소로 간주된다.

(1) 안전한 포장

포장은 제품의 안전성과 보호를 위해 필수적이다. 화장품은 공기, 빛, 습기, 오염 등으로부터 보호되어야 한다. 품질관리팀은 적절한 포장 솔루션을 선택하여 제품이 외부 요인에 노출되지 않도록 보장한다. 이는 병, 튜브, 펌프, 에어리스 컨테이너 등 다양한 유형의 포장재를 포함할 수 있다.

(2) 라벨링

제품 라벨은 소비자에게 제품 정보를 제공하고 규정 준수를 보장하기 위해 중요하다. 라벨은 제품명, 성분, 용도, 사용 방법, 경고 및 주의 사항, 제조사 정보, 유효기한 등의 정보를 명시해야 한다. 또한, 국가 및 지역의 규정에 따라 특정 기호, 심볼, 언어, 표준 표기 등을 포함해야 한다.

(3) 규정 준수

제조사는 해당 국가 및 지역의 규정과 법적 요구사항을 준수해야 한다. 포장 및 라벨링은 관련 규정을 준수하여 정보의 정확성과 일관성을 보장해야 한다. 예를 들어, 성분 리스트의 정확성, 제품 안전성에 대한 경고 문구, 라벨의 크기와 가시성 등을 확인해야 한다.

(4) 라벨 및 포장 품질 검사

품질검사는 라벨 및 포장 자체의 품질을 확인하기 위해 수행된다. 이는 라벨의 정확성, 인쇄 품질, 포장재의 물리적 손상 여부, 라벨 부착의 정확성 등을 평가하는 것을 의미한다. 제조사는 시각적 검사, 측정 도구, 테스트 장비 등을 사용하여 라벨 및 포장 품질을 확인한다.

포장 및 라벨링은 화장품 제품의 외관, 안전성, 정보 제공, 규정 준수 등을 보장하기 위해 중요한 단계이다. 이를 통해 소비자에게 안전하고 신뢰할 수 있는 제품을 제공할 수 있다.

5. 규정 및 규제 준수

화장품 산업은 규정과 규제에 따라 엄격한 표준을 준수해야 한다. 품질관리팀은 해당 규정을 숙시하고, 품질 관리 시스템을 구축하여 관련 법규를 준수하며 정부기관과 협력한다.

화장품 품질관리에서 규정 및 규제 준수는 제품의 안전성, 효능, 품질, 라벨링 등을 보장하기 위해 산업 규정과 정부 기관에 의해 제정된 규정 및 규제를 따르는 것을 의미한다. 이는 소비자의 안전과 건강을 보호하고 화장품 시장의 건전한 발전을 도모하기 위해 중요한 역할을 한다.

(1) 원료 규제

화장품에 사용되는 원료의 사용량, 허용농도, 안전성 평가 등이 규정되어 있다. 일부 유해한 원료의 사용이 제한되거나 금지될 수 있으며, 특정 원료는 인증이나 승인 절차를 거쳐야 한다.

(2) 제조 규정

화장품 제조 과정에서의 위생과 안전에 관한 규정이 있다. 이에는 제조 시설의 적절한 운영, 청결도 유지, 원료의 정확한 혼합 등이 포함된다. 또한, 제조 과정에서 발생할 수 있는 오염, 부적절한 저장 조건 등을 방지하기 위한 지침이 제공된다.

(3) 안전성 평가 및 테스트

화장품은 안전하게 사용될 수 있어야 하므로, 제품 안전성 평가 및 테스트 절차가 규정되어 있다. 이를 통해 제품의 안정성과 피부 호환성을 평가하고, 소비자에게 안전한 제품을 제공할 수 있도록 한다.

(4) 라벨링 규정

화장품의 제품 정보와 사용 방법 등이 명시된 라벨링 규정이 있다. 제품명, 성분 목록, 사용 방법, 유통기한, 제조업체 정보 등을 포함하여 소비자가 제품을 안전하게 사용할 수 있도록 한다.

(5) 광고 규제

화장품 광고에 대한 규제도 존재한다. 거짓 또는 과장된 광고를 방지하기 위해 광고에 사용되는 표현, 이미지, 주장 등이 규정되어 있다. 소비자를 오도하거나 혼란스럽게 할 수 있는 광고 행위를 제한한다.

위의 내용은 일반적인 화장품 규정 및 규제의 예시이며, 규정과 규제는 국가 및 지역에 따라 상이할 수 있다. 화장품 제조업체는 해당 규정과 규제를 준수하기 위해 제품 개발, 제조, 테스트, 라벨링, 광고 등의 모든 단계에서 적절한 절차와 시스템을 도입하여 안전하고 품질 좋은 제품을 생산하도록 노력해야 한다.

6. 사후 관리

제품이 판매된 후에도 품질관리는 계속된다. 소비자들로부터의 불만사항이나 제품의 불량 등에 대응하기 위해 품질관리팀은 빠른 조치를 취하고 원인 분석을 수행하여 동일한 문제의 재발을 예방한다. 화장품 품질관리에서 사후 관리는 제품이 판매 및 사용된 후에 발생할 수 있는 문제에 대해 대응하고 조치하는 활동을 말한다. 사후 관리는 제품 사용자의 안전과 만족도를 유지하며, 제조사 및 유통업체에게 피드백을 제공하여 제품의 품질과 성능을 지속적으로 개선하는 데 중요한 역할을 한다.

(1) 문제 식별 및 분석

제품 사용 중 발생하는 문제를 식별하고 분석한다. 소비자의 불만, 부작용, 알레르기 반응 등을 모니터링하고 해당 문제의 원인을 파악한다.

(2) 고객 지원 및 응대

소비자로부터 접수된 문의나 불만에 대해 신속하고 적절한 응대를 제공한다. 소비자가 제품 사용에 관련하여 질문하거나 도움이 필요한 경우에도 지원을 제공한다.

(3) 리콜 및 제품 회수

품질 또는 안전에 관련된 심각한 문제가 발생한 경우, 제품을 회수하거나 리콜 조치를 취한다. 소비자에게 안전한 제품 사용을 보장하기 위해 필요한 조치를 적시에 수행한다.

(4) 피드백 수집 및 분석

소비자로부터 제품에 대한 피드백을 지속적으로 수집하고 분석한다. 이를 통해 제품의 성능, 안전성, 사용성 등에 대한 정보를 파악하고 개선에 반영한다.

(5) 품질 개선 활동

사후관리를 통해 도출된 문제점을 해결하고 제품의 품질을 개선하는 작업을 수행한다. 제조 공정 개선, 원료 변경, 제품 디자인 수정 등의 조치를 통해 제품의 안전성과 성능을 향상시킨다.

(6) 규정 및 규제 준수

화장품 규정 및 규제의 변경사항을 주시하고 준수한다. 새로운 규정이나 규제에 대한 조치를 취하여 제품이 규성을 준수하고 안전히게 판매되도록 한다.

사후 관리는 소비자의 안전과 만족도를 중시하며, 제조사와 소비자 간의 신뢰 구축을 돕는 역할을 한다.

제6장

천연화장품 제조

1. 천연 비누 제조

비누의 원리

비누가 만들어지는 원리는 비누화 반응으로 설명할 수 있다.

비누의 주된 재료가 되는 유지는 큰 범주 속에서 지방과 기름으로 세분화할 수 있다.

- 상온에서 고체 상태로 유지되는 지방을 동물성 유지라고 한다.
- 상온에서 액체 상태로 유지되는 기름을 식물성 유지라고 한다.

트라이아실글리세롤은 지방산과 글리세린(=글리세롤)이 에스터화되어 함께 있는 지방이다.

유지를 비누화 반응시키기 위해서는 강력한 염기가 필요하다.

- 고체 비누를 만들 때 사용하는 가성소다인 수산화 소듐(NaOH)
- 액체 비누를 만들 때 사용하는 가성가리인 수산화 포타슘(KOH)

물에 가성 소다를 녹이면 Na^+와 OH^-로 이온화되고 수산화 이온(OH^-)이 에스터 결합을 깨고 Na^+가 지방산에 붙어 비누와 글리세린으로 나누어지게 된다.

물에 녹은 비누 분자의 친유성기는 기름때 쪽을 향하고 친수성기는 물 쪽을 향하여 배열된다.

비눗물이 세탁물 내부로 침투하면 섬유가 부풀어 오르며 비누의 친수성기는 물과 강하게 결합하고 친유성기는 기름때 주위를 둘러싸서 세탁물과 때의 결합을 약하게 한다.

〈비누 제조 방법〉

재료 비누 베이스 100 g, 글리세린, 천연 분말, 천연 오일, 에센셜 오일

도구 저울, 핫플레이트, 비커, 계량컵, 계량스푼, 온도계, 유리막대, 실리콘주걱, 랩,
블렌더, 비누틀

① 비누 베이스 100 g을 잘게 조각내어 잘라준다.

② 조각내어 자른 비누베이스를 중탕하여 녹여준다.

③ 글리세린 1 g을 넣어준다.

④ 천연 오일 1 g을 넣어준다.

- 올리브오일
- 아보카도 오일
- 호호바 오일

⑤ 천연 분말 1 g을 넣어준다.

⑥ 비누 베이스 온도가 45℃ 이하가 되면, 에센셜 오일 1 ml를 넣어준다.

- 1 mL = 약 20방울이므로 3~10방울만 넣어줘도 상관없다.

(에센셜 오일은 휘발성이 있기 때문에, 온도가 높으면 다 날아간다.)

⑦ 비누 베이스가 굳기 전에 비누틀에 넣어준다.

2. 천연 화장품 제조(스킨, 로션)

피부가 건조해지면 체내 수분과 전해질, 단백질 소실을 방지하는 피부 장벽이 무너지면 질병이 생길 수 있다. 이러한 피부 장벽을 지키는 힘은 바로 피부 속의 수분이다.

피부 수분의 저하는 붉은 반점과 열창을 유발하여 피부 표면이 거칠어지는 질병인 피부 건조증이 생길수도 있다. 또한 피부가 건조해지면 콜라겐이 감소하여 피부의 탄력성이 떨어져 주름이 생길 수도 있다.

피부 당김은 건성 피부를 가진 사람뿐만 아니라 지성 피부인 사람도 피부 당김 현상이 일어나는데 그 이유는 유분기는 있을지 모르지만 피부 속에 수분이 없어 건조하기 때문이다.

건조한 피부 관리를 위해 스킨, 로션, 크림 등의 기초 화장품을 이용하여 피부 겉이 아닌 피부 속에 수분을 채워서 건조함을 느끼지 않도록 관리해주는 것이 중요하다.

〈스킨 제조〉

재료 플로럴 워터(허브 티 워터, 로즈워터), 마린 엘라스틴, 마린 콜라겐, 티트리, 글리세린, 에센셜 오일(라벤더 오일, 페퍼민트 오일, 장미 오일)

도구 저울, 핫플레이트, 비커, 계량컵, 계량스푼, 온도계, 유리막대

① 플로럴 워터 80 g을 넣어준다.

② 마린 엘라스틴 1 g을 넣어준다.

③ 마린 콜라겐 3 g을 넣어준다.

④ 티트리를 3 g을 넣어준다.

- 티트리: 피부 재생에 효능이 있다.

⑤ 글리세린 5 g을 넣어준다.

- 글리세린: 수분 보호

⑥ 에센셜 오일 1~2방울 넣어준다.

⑦ 잘 섞이도록 흔들어 준다.

〈로션 제조〉

재료 아르간 오일(코코넛 오일), 녹차씨 오일(해바라기씨 오일), 올리브유화왁스, 정제수, 글리세린, 천연방부제, 비타민E, 아카시아 콜라겐, 히아루론산, 세

라마이드, 라벤더에센셜 오일

도구 저울, 핫플레이트, 비커, 계량컵, 계량스푼, 온도계, 유리막대

① 500 mL 비커에 정제수 50 g을 넣어준다.

② 사용하지 않은 500 mL 비커에 아르간오일 6 g, 녹차씨오일 2 g, 올리브유화왁스 3 g을 각각 계량해서 섞어준 후 핫플레이트 위에 올려준다.

③ 각가의 비커의 온도가 60도가 되도록 맞춘 후 ①과 ②를 빠르게 섞어준다.

④ 첨가물인 글리세린, 천연 방부제, 비타민 E, 아카시아콜라겐, 히알루론산, 세라마이드를 1 g씩 섞어준다.

⑤ 라벤더에센셜 오일을 5방울 섞어준다.

3. 천연 미스트 제조

재료 정제수, 글리세린, 기능성 첨가제, 에센셜 오일(아보카도 오일, 캐놀라 오일, 달맞이꽃 오일), 제라늄, 클라리세이지, 네롤리, 천연 방부제

도구 저울, 핫플레이트, 비커, 계량컵, 계량스푼, 온도계

① 비정제수 900 g을 넣는다.

- 예민한 피부: 정제수를 많이 넣어준다.
- 두꺼운 피부: 물만 넣어서 사용해도 된다.

물과 정제수의 총 볼륨이 900 g이 되게 한다.

② 글리세린 30 g을 넣어준다.

③ 기능성 첨가제를 총 50 g이 되도록 조합하여 넣어준다.

- 콜라겐: 재생
- 엘라스틴: 보습, 윤기

④ 에센셜 오일을 최대 20방울 이내로 넣어준다.

- 제라늄: 인체 내 순환 효과와 몸과 마음의 균형을 유지하는 데 도움을 준다.
- 클라리세이지: 여성 호르몬 균형을 유지 및 스트레스와 긴장을 이완시키는 데 도움을 준다.

- 네롤리: 세포 재생 효과가 있어 피부 신축성을 증가시키는 데 도움을 준다.

⑤ 천연 방부제 10 g을 넣어준다.

4. 천연 수분 크림 제조

천연 수분 크림에 사용되는 다양한 종류의 오일은 각각 다른 효능을 나타낸다. 라벤더 오일은 쿨링과 진정 효과를 나타내고 일랑일랑 오일은 스트레스 완화와 진정 효과를 나타낸다. 네롤리 오일은 재생과 탄력 효능을 나타내고 클라리세이지 오일은 디톡스와 피지 완화 효능을, 제라늄 오일은 재생 및 호르몬 균형에 효과가 있다.

〈수분 타입 크림〉

재료 알로에베라겔, 포도씨 오일, 글리세린, 천연방부제(비타민E, 벤조인, 자몽 추출액), 올리브 오일, 알토라인

도구 저울, 핫플레이트, 비커, 온도계, 시약용 스푼, 소독용 알코올, 스포이드

① 알로에베라겔 40 g을 넣어준다.

② 포도씨 오일 2 g을 넣어준다.

③ 글리세린 2 g을 넣어준다.

④ 천연 방부제 1 g을 넣어준다.

〈리치타입크림〉

재료 알로에베라겔, 올리브 오일(피마자 오일, 코코넛 오일, 포도씨 오일, 아보카도 오일), 알라토인, 글리세린, 비타민E

도구 저울, 핫플레이트, 비커, 온도계, 시약용 스푼, 미니블렌드

① 알로에베라 겔 35 g을 넣어준다.

② 올리브 오일 5 g을 넣어준다.

③ 알라토인 2 g을 넣어준다.

④ 글리세린 2 g을 넣어준다.

⑤ 비타민 E 1 g을 넣어준다.

5. 천연 바디 로션 제조

재료 정제수, 코코넛 오일(로즈힙 오일, 호호바 오일, 올리브 오일), 아몬드 오일(위점 오일, 홍화씨 오일), 올리브유화왁스, 나프리, 알오에베라겔

도구 저울, 핫플레이트, 비커, 온도계, 시약용 스푼, 미니블렌더

① 두 개의 비커를 준비한다.

② 정제수가 들어 있는 비커와 오일이 들어 있는 비커의 비율이 1:1이 되도록 맞춰준다.

③ 한 개의 비커에 정제수를 넣어준다.

④ 다른 비커에 코코넛 오일, 아몬드 오일, 올리브유화왁스를 넣어준다.

- 코코넛 오일과 아몬드 오일은 보습력이 좋다.
- 올리브유화왁스는 물과 오일이 잘 섞이도록 도와준다.

⑤ 정제수의 온도가 40℃가 되면 오일을 계량한 비커도 가열해준다.

⑥ 정제수의 온도가 65~70℃가 되면 정제수를 오일에 부어준다.

⑦ 정제수와 오일이 잘 섞이도록 저어준다.

⑧ 나프리와 알로에 베라 젤을 넣어준 후 잘 섞어준다.

- 나프리: 천연 방부제
- 알로에 베라 젤: 보습 및 피부 진정 효과

6. 천연 립밤 제조

다른 피부보다 피지 분비가 적어 트기 쉬운 입술에 영양을 주며, 탄력을 증진시

킨다. 또 손상된 입술의 통증을 완화시킨다. 입술에 막을 형성하여 지질층을 보호하여 보습력을 강화시킨다.

재료 피마자 오일, 이멀시파잉 왁스(칸데릴가 왁스), 글리세린(립밤베이스), 색소, 데코템

도구 저울, 핫플레이트, 비커, 온도계, 시약용 스푼, 미니블렌더

① 피마자 오일 5 g을 넣어준다.

② 이멀시파잉 왁스 2 g을 넣어준다.

③ 글리세린 1 g을 넣어준다.

④ 낮은 온도로 살살 녹여준다.

⑤ 취향에 따라 색소와 데코템을 넣어주면 된다.

7. 천연 젤 마스크팩 제조

마스크팩(Facial Mask)은 얼굴 모양에 맞추어 제작된 시트를 이용하여 피부에 다양한 영양분과 수분 등을 공급할 수 있는 화장품 종류이다. 시트 마스크라고도 한다.

사용법으로는 세안 후 10~20분 동안 얼굴에 붙여 영양분과 수분을 흡수한 뒤에 떼내는 방식이다. 20분 이상 붙이고 있지 않는 이유는 오히려 마스크팩이 수분을 가져갈 수 있기 때문이다.

시트 모양의 팩을 얼굴에 붙였다 떼는 마스크팩 외에도 크림과 같은 형태로 되어 있어 얼굴에 바른 후 수면을 취하는 수면팩, 또는 크림 형태로 바르는 것은 수면팩과 비슷하지만 10~20분 뒤에 세안으로 팩을 씻겨내는 종류 등 다양하게 있다.

재료 글리세린, 카라기난, 정제수, 코엔자임Q10, 라벤더 에센셜 오일

도구 저울, 핫플레이트, 비커, 온도계, 시약용 스푼, 미니블렌더, 마스크 몰드

① 보습제 글리세린을 10 g 계량한다.

② 카라기난 3 g을 계량한다.

③ 글리세린과 카라기난을 고르게 섞는다.

④ 정제수를 100 g 첨가한다.

- 로즈워터: 건성 피부
- 캐모마일 워터: 지성 피부
- 알로에 베라 젤: 민감한 피부
- 라벤더 워터: 모든 피부 타입

⑤ 80℃ 이하로 가열하여 액상 타입으로 만든다.

⑥ 코엔자임 Q10을 넣어준다.

⑦ 아카시아 콜라겐을 넣어준다.

⑧ 라벤더 에센셜 오일 5방울을 넣어준다.

⑨ 내용물이 잘 섞이도록 골고루 저어준다.

⑩ 마스크 몰드에 고르게 퍼지도록 부어준 후 식힌다. 5분 정도 후면 굳어서 바로 사용할 수 있다. 만든 후 바로 사용하는 것이 좋고 보관 시에는 지퍼백에 밀봉해 냉장고 나 냉동실에 보관하는 것이 좋다.

8. 천연 헤어팩 만들기

모발을 구성하는 케라틴은 열에 약하기 때문에 헤어 드라이어나 고데기를 장기간 사용하는 경우 또는 헤어 펌 과정에서 머리카락에 열을 가하는 경우 머리카락이 푸석해져 쉽게 갈라지는 현상을 경험 할 수 있다. 모발에 손상을 입었을 때 헤어팩을 이용하여 영양을 공급하면 건강한 모발을 유지할 수 있다.

〈계란 우유 헤어팩〉

재료 계란 노른자, 에센셜 오일, 우유, 비닐랩

① 계란 노른자 1개를 준비한다.

② 에센셜 오일 1 mL를 준비한다.

- 올리브유를 사용해도 된다.

③ 우유 10 mL를 준비한다.

④ 계란 노른자 1개와 우유 10 mL를 잘 섞어준 후 오일 3~10방울 넣어준다.

⑤ 제형이 너무 묽다고 느껴지면 계란 노른자를 하나 더 추가해 준다.

⑥ 머리카락에 잘 묻혀 준 후 비닐랩으로 돌돌 감싸준 후 10~15분 기다려준다.

⑦ 미지근한 물로 충분히 헹궈준다.

〈요거트 헤어팩〉

재료 코코넛 오일, 플레인 요거트

① 코코넛 오일을 준비한다.

- 올리브유를 사용해도 된다.

② 플레인 요거트를 준비한다.

③ 오일과 요거트가 분리되지 않게 잘 섞어 준다.

④ 머리카락에 잘 묻혀 준 후 비닐랩으로 돌돌 감싸준 후 10~15분 기다려준다.

⑤ 미지근한 물로 충분히 헹궈순다.

9. 각질 제거용 클렌징 오일 만들기

피부 표면에 생기는 각질들을 제거하기 위해 각질제거에 효과적인 흑설탕을 이용하여

각질제거용 클렌징 오일을 이용하면 깨끗한 피부를 유지할 수 있다.

재료 흑설탕, 천연 오일, 정제수

① 흑설탕을 정제수에 잘 녹인다.

② 흑설탕을 녹인 정제수와 천연 오일을 1:3의 비율로 섞는다.

③ 소독한 용기에 담는다.

10. 메이크업 베이스 만들기

메이크업 베이스는 화장을 할 때 사용하는 파운데이션을 바르기전에 피부톤의 정리를 위해 사용하는 화장품이다. 피부 미백에 효능이 알려진 천연 성분을 첨가하여 사용한다.

재료 호호바 오일, 해바라기씨 오일, 로즈 오일, 정제수, 어성초추출물

① 호호바 오일, 해바라기씨 오일, 로즈 오일을 비커에 담아 70도로 가열하여 잘 혼합한다.

② 정제수를 비커에 담에 70도로 가열한다.

③ 70도로 가열된 오일 혼합물과 정제수를 잘 섞어준다.

④ 20분 정도 섞어준 후 어성초추출물을 넣는다.

⑤ 소독한 용기에 담는다.

제7장

약용식물

약용식물의 종류와 기능은 다양하여 지금까지도 많은 연구자들에 의해 효능이 연구되고 검증되어지고 있다. 이 책에서 다양한 약용식물들 중 약리학적인 효능이 뛰어나 화장품에 사용이 용이한 약용식물들을 나열하였다.

1. 대황(大黃, 학명: *Rheum*)

① 대황의 성분인 Sennoside가 대장내에서 Rhein anthrone이 되어서 장점막을 자극하여 연동운동을 항진시키고 수분 및 Na 흡수를 저해하여 설사를 유발한다.

② 대황의 성분인 Rhein은 장의 연동운동능을 촉진하여 변비를 해소하여 변비로 인한 고점도혈증을 개선한다.

③ 대황의 성분인 Rhein-emodin, Aloe-emodin은 포도상구균, 연쇄구균, 이질균 등에 항균 작용이 강해서 염증으로 인한 혈소판 응고를 완화하며 간염을 개선한다.

④ 항종양 작용이 있고(Rhein, Emodin), 담즙분비를 촉진하여 담석배출을 쉽게 한다.

⑤ 생대황은 해열진통 작용이 있다.

⑥ Na^{+}-K^{+}-ATPase의 활성을 억제하여 이뇨작용을 한다.

⑦ 간손상을 보호하고 황달성간염을 치료한다.

⑧ B형 간염에 대한 억제 작용이 있다.

⑨ 급성 췌장염을 완화하고 단백효소의 분비를 억제한다.

⑩ 면역력증강 작용이 있다.

⑪ 항고지혈 작용이 있다.

⑫ 대황의 성분인 d-Catechin이 모세혈관 투과성항진을 억제하고 혈소판 응고를 저지하여 각종 염증을 완화한다.

⑬ HBs 항원 증식을 억제한다.

⑭ 담즙의 배설을 촉진한다.

2. 애엽(약쑥, 艾葉, 학명: *Artemisia vulgaris L.*)

① 치네올 성분이 위액 분비를 촉진해 소화를 돕는다.

② 모세혈관 투과성 항진을 완화하고 혈압을 강하(降下)한다.

③ 혈액 응고 시간을 단축하여 지혈 작용을 한다. 비타민 A와 비타빈 C가 풍부하여 면역력을 키워준다.

④ 간 기능을 활성화시켜 해독 작용을 촉진시키고 신진대사 증진과 백혈구 증가를 통해 인체의 살균 작용을 향상시킨다.

3. 목향(木香, 학명: *Inula helenium*)

① 포도상구균, 연쇄상구균에 대한 항균 작용이 강하여 세균성장질환에 항균 작용을 한다.

② 내장벽의 혈관을 확장하여 혈액 순환을 촉진한다. 기관지 확장 작용과 거담

작용이 있다.

③ 중추신경 억제 작용이 있다. 신장사구체 혈류를 증가시켜 이뇨 작용을 한다.

4. 목단피(牧丹皮, 학명: *Paeomia suffruticosa*)

① Paenol이 중추신경 흥분을 억제하여 진정 작용을 하며 진통, 진경 작용을 한다.

② 황색포도상구균, 용혈성 연쇄상구균, 폐렴쌍구균 등에 항균 작용이 있다. 해열 작용이 있다.

③ 위산분비 억제 작용이 있으며 중추억제 작용에 의한 위경련 억제 작용이 있다.

④ 1형 알레르기 질환을 개선하며 항보체 작용, 소염 작용이 강하다.

⑤ 목단피 성분인 Paenol, Benzoyl-Oxypaeoniflorin은 혈소판 응집을 억제하여 항혈전 작용을 한다.

⑥ 목단피 성분인 Paenol, Paenoflorin, Oxypaeoniflorin은 Thrombin 생성을 억제하여 항혈전 작용을 한다.

⑦ 만성신염, 관절염 등의 3형 알레르기 질환(Arthus 반응)에 사용된다.

⑧ 말초혈관의 장력을 강화하고 경력을 억제하며 항혈전 작용을 하여 말초혈관의 혈액 순환을 개선한다.

⑨ 혈압을 하강하는 강압 작용이 있다.

5. 택사(澤瀉, 학명: *Alisma canaliculatum*)

① 이뇨를 증진하므로 조직의 부종을 경감시킨다. 지방간(脂肪肝)을 개선한다. 혈당강하 작용이 있다.

② 혈중 Cholesterol을 경감시키고 죽상동맥 경화를 개선한다.

③ 간 손상을 수복하는 작용이 강하다.

④ 경도의 혈압 하강 작용을 한다.

6. 산약(참마, 山藥, 학명: *Dioscorea japonica Thunb*)

① 점액질이 풍부하고 산약 성분인 Arginine 등의 각종 Amino acid와 각종 당질 등 풍부한 영양분이 함유되어 있어 자양 작용을 하여 비특이적 저항력을 증강하고 기력을 증강하여 근육을 강화한다.

② 혈소화 작용을 증진한다.

③ 호흡기점막에 자윤을 공급하여 노인성 해소(咳嗽)를 경감시키고 약한 거담 작용이 있으며 경도, 중도의 갈증을 일으킨다. 당뇨병에 혈당강하 작용이 있다.

7. 산수유(山茱萸, 학명: *Cornus officinalis*)

① 유기산과 Vitamin A를 풍부히 함유하고 있어서 수렴작용을 하여, 도한(盜汗) 증상에 지한(止汗) 작용을 하여 피부, 점막에 자윤을 공급한다.

② 빈뇨를 억제하는 이뇨작용이 있다. 혈당 강하 작용이 있다.

③ Mast cell의 탈과립을 억제하고 항히스타민 작용을 하여 알레르기 증상을 경감시킨다.

④ 강압작용이 있다. 황색포도상구균, 이질간균에 대한 항균 작용이 있다.

8. 곽향(藿香, 학명: *Teucrium veronicoides*)

① 위점막 모세혈관을 확장하여 위장기능을 항진하고 위장신경에 대해 진정 작용이 있다.

② 위액분비를 촉진하여 소화력을 강화한다.

③ 대장간균, 포도상구균, 폐렴쌍구균 등에 항균 작용이 강하고, 항진균 작용도 강하다.

9. 신이(辛夷, 학명: *Magnolia kobus*)

① 몸 안에 있는 차가운 기운과 풍으로 오는 코막힘, 축농증을 치료하며 콧물이 흐르며 냄새를 맡지 못하는 증상, 두통이나 집중력이 떨어지는 증상, 오한, 발열, 전신통을 치료하며 가래가 많이 나오는 기침 등에 효과가 있다.

② 피부진균과 포도상구균 억제 작용이 보고되었다.

10. 만형자(蔓荊子, 학명: *Vitex rotundifolia L. Fil.*)

① 만형자 성분인 Comphene, Pinene 등의 정유성분이 진정, 진통, 소염 작용을 하여 두통과 중이염 등에 유효하다.

② 비타민 A가 다량 함유되어 있어서 시력장애를 완화한다.

11. 세신(족도리풀, 細辛, 학명: *Asarum sieboldii*)

① 세신 성분인 Methyleugenol이 저하된 방어능을 강화하여 면역능을 증강한다.

② 신체 말단의 모세혈관 벽의 치밀성을 강화하여 혈류를 촉진하고 말초의 온난감을 증가시킨다.

③ 해열, 진해, 거담 작용이 있다.

12. 백지(구릿대, 白芷, 학명: *Angelica dahurica*)

① 항염 작용이 있다. 해열, 진통 작용이 있다.

② 백지 성분인 Marmesin, Isoimperatorin 등이 혈압을 하강하는 작용이 있다.

③ 백지 성분인 Xanthotoxin, Isoimperatorin 등의 성분이 광(光)과민성 작용을 하여 백전풍을 억제한다.

13. 진교(秦艽, 학명: *Aconitum pseudo-laeve var. erectum*)

① 진교 성분인 Gentianine이 강한 소염 작용을 하고 관절염을 억제하며, 신경계를 통하여 뇌하수체를 자극하여 Cortioosteroid 분비를 항진시켜 소염, 항종양 작용을 한다.

② 해열 작용이 있다.

③ 진통, 진경 작용이 있다.

④ 항Histamin 작용, 항Allergy 작용, 항Anaphylactic shock 작용이 있다.

⑤ 포도상구균, 폐렴간균에 대한 항균 작용이 강하다.

14. 방풍(防風, 학명: *Ledebouriella seseloides*)

① 이뇨 작용, 약한 해열 작용이 있다. 관절통에 진통 작용이 있다.

② Influenza virus에 대한 억제 작용이 있다.

③ 진균, 적리균, 고초균에 대해 항균력이 있다.

15. 지모(知母, 학명: *Anemarrhena asphodeloides*)

① 혈당 강하 작용이 있다.

② 다이뇨, 소염, 해열 작용이 있어서 관절의 염증반을 개선하고 만성적인 신기능부전으로 인한 소변불리에 신장기능을 강화하여 이뇨를 촉진하고 전립선비대로 인한 뇨폐증상에 전립선을 강화한다.

③ 용혈성 연쇄상구균, 폐렴쌍구균, 대장간균, 이질간균에 대한 항균 작용이 강하다. 해열 작용이 있다.

16. 독활(두릅, 獨活, 학명: *Aralia continentalis*)

① 혈관을 확장하여 혈압을 하강한다.

② 진통, 진정 작용이 있어서 두통을 완화한다.

③ 최면 작용, 제습 작용이 있고 관절염 억제 작용이 있다.

17. 소엽(차조기, 蘇葉, 학명: *Perilla frutescens var. acuta*)

① 힌선분비(汗腺分泌)를 자극하여 발한(發汗)을 촉진하고 해열 작용이 있다.

② 진정 작용이 있다.

③ 기관지 분비물을 감소시키는 거담 작용이 있고, 기관지평활근에 경련을 완화하여 진해작용을 한다.

④ 포도상구균, 대장간균, 이질간균에 대한 억제 작용이 있다.

⑤ 후두의 반사신경 작용을 억제한다.

18. 후박(厚朴, 학명: *Machilus thunbergii*)

① 후박 성분인 Acethycholine의 작용과 길항하여 자율신경계를 조절하며 심박동을 억제하므로 심장신경증, 심장성천식에 사용되며, 위장평활근의 이상근긴장(異常筋緊張)으로 복부팽만감이 나타나는 것을 완화한다.

② 후박에 함유된 β-Endesmol은 항히스타민 작용을 하여 알레르기 천식을 완화한다.

③ 후박 성분인 Magholol과 Honokiol이 중추흥분을 억제하여 진정 작용을 하므로 불안, 초조 등의 정신증상을 완화한다.

④ 위액 분비를 억제하여 항궤양 작용이 있다. 기관지평활근 경련 억제 작용으로 진해 작용을 한다.

⑤ 폐렴쌍구균, 황색포도상구균, 이질간균 등에 대하여 광범위한 항균 작용이 강력하여, 장염으로 인한 복부팽만감과 기관지염으로 인한 기침 증상을 완화한다.

⑥ 장경련 억제 작용이 있다.

19. 치자(梔子, 학명: *Gardenia jasminoides for. grandiflora*)

① 담즙(膽汁)의 분비와 배설을 촉진하고 혈중 bililubin 증가를 억제하며 황달을 소퇴시킨다.

② 혈청 Cholesterol치와 Triglyceride치를 저하시켜 고점도(高粘度)혈증으로 인한 혈관의 울혈, 충혈을 완화한다. 발열중추를 억제하는 해열 작용이 있다.

20. 황금(黃芩, 학명: *Scutellaria baicalensis*)

① 황금 성분인 Baicalin이 췌액(膵液)분비를 촉진하고 Baicalein이 소화관 연동운동능을 항진하여 소화 흡수를 촉진한다.

② 담즙(膽汁)분비를 촉진하여 간 기능을 강화한다. Baicalein은 이뇨(利尿) 작용이 강하다.

③ 혈관투과성 항진을 억제하고 소염 작용이 강하여 혈관의 염증성충혈, 울혈(鬱血)을 완화한다.

④ 황금 성분인 Baicalin은 비만세포(Mast cell)막을 강화하여 화학전달 물질의 유리를 억제하여 항알레르기 작용을 하며 특히 알레르기로 인한 간염을 개선

한다.

⑤ 대뇌피질의 흥분을 억제하여 진정 작용을 한다. 죽상(粥狀)동맥경화를 억제한다.

21. 황백(黃柏, 학명: *Phellodendron amurense*)

① 강한 항염 작용이 있고 소염, 수렴작용이 강하며, 혈소판 응고를 억제하여 혈관의 충혈(充血), 울혈을 경감시킨다.

② 피하(皮下)출혈의 흡수를 촉진한다. 혈압과 혈당을 낮춘다.

③ 황색포도상구균, 폐렴구균, 용혈성연쇄상구균, 이질간균 등에 강력한 항균 작용이 있다. 항진균 작용이 있다.

④ 진해 작용이 있다. 혈소판 응고를 억제하여 궤양, 창상면의 치유를 촉진하는 항궤양 작용이 있다.

⑤ 고미건위약으로 사용되어 식욕을 증진하고 정장 작용을 한다.

⑥ 황백 성분인 Linolic acid, Palmitic acid 등 지방산의 Phytosteic Ester이 화상 입은 피부의 재생을 촉진한다.

⑦ 중추신경과 운동신경 말단에 작용하여 신경의 흥분을 완화한다.

22. 황련(黃連, 학명: *Coptis chinensis*)

① 황련 성분인 Berberine은 Cholin Esterase 활성을 억제하여 미주신경자극 증강 작용에 의해 혈압을 하강(下降)시키고 골격근의 수축 작용을 증강(增强)시킨다.

② 피교감신경 흥분을 완화하여 뇌혈관의 긴장을 저하하고 교감신경 흥분으로 인한 신경증상을 완화한다.

③ 황련 성분인 Berberine은 적리균(赤痢菌)에 대한 강력(强力)한 살균력이 있으

며 Influenza virus 증식을 억제한다. 항염증작용, 혈소판 응고 작용이 있다.

④ 소화성궤양에 대한 억제(抑制) 작용이 있으며 타액, 위액, 췌액의 분비를 촉진하고 위장의 연동운동능을 항진한다.

⑤ 담즙분비를 촉진하여 간 기능을 강화한다.

⑥ 중추신경을 억제하는 진정(鎭靜) 작용을 한다.

⑦ 고콜레스테롤 혈증을 경감(輕減)하여 혈류를 촉진하고 동맥경화를 예방하며 산소공급을 촉진한다.

23. 전호(바디나물, 前胡, 학명: *Anthriscus sylvestris*)

① 전호 성분인 Pyranocoumarin이 관상(冠狀) 동맥계의 혈류량을 증가시킨다.

② 전호 성분인 Pyraeruptorin A는 강력한 Ca 길항 작용을 하여 심장기능을 강화한다.

③ 소염, 소종(消腫) 작용이 있다.

④ 거담 작용을 한다.

24. 강활(羌活, 학명: *Angelica koreana L.*)

① 진통 작용을 한다.

② 결핵균의 성장을 억제한다. 발한, 해열 작용이 있다.

25. 길경(도라지, 桔梗, 학명: *Platycodon grandiflorum, Platycodon grandiflorus*)

① 길경 성분인 Platycodin이 진해(鎭咳), 거담(祛痰), 배농(排膿), 진정(鎭靜), 진통, 항염(抗炎), 항궤양(抗潰瘍), 말초혈관 운동능 강화 작용이 있다.

26. 반하(半夏, 학명: *Pinellia ternata*)

① 반하 성분인 Phytosterin이 진토(鎭吐) 작용을 하고 Choline이 장관운동능을 촉진하여 소화관에 정체된 음식물과 수독의 배출을 강화한다.

② 휘발성 알칼로이드는 진정 작용이 있어 신경성구토를 억제한다.

③ 반하 성분인 ephedrine이 진해(鎭咳) 작용을 한다. 거담 작용을 한다.

27. 대조(대추, 大棗, 학명: *Zizyphus jujuba Mill.*)

① 당류(糖類), 비타민 C, 칼슘, 단백질, 지방 등을 풍부히 함유하여 세포점막에 자윤(滋潤)을 공급하고 세포의 대사를 활성화한다.

② 대조 성분인 Ethyl-α-D-Fructofuranoside는 Cyclic AMP를 증량(增量)하여 비만세포(Mast cell) 막을 강화함으로써 항알레르기 작용을 한다.

③ 스트레스성궤양을 억제하고 진경 작용(鎭痙作用)을 한다.

28. 마황(麻黃, 학명: *Ephedra sinica*)

① 휘발성 정유가 혈관운동능을 강화하여 혈액 순환을 촉진하므로써 발한(發汗)으로 체내의 체열(體熱)을 배설하여 해열(解熱)한다.

② 마황 성분인 Pseudo Ephedrine과 Methyl Ephedrine이 신사구체분비를 증가시켜 이뇨를 증진하여 피하(皮下), 점막의 부종을 완화한다.

③ 마황 성분인 Ephedrine이 기관지평활근을 이완하여 진해작용을 한다.

④ 황색포도상구균과 연쇄상구균, 녹농균, 이질간균에 대한 항균 작용이 강하다.

⑤ 마황 성분인 Ephedrine은 교감신경을 흥분시켜 백혈구주화성을 항진하여 이물질탐식능을 강화한다.

29. 작약(백작약, 적작약, 白芍藥, 학명: *Paeonia lactiflora*)

① 여러 종류의 당(糖), 점액질, 유기산과 미량 미네랄이 많이 함유되어 있어서, 영양 부족으로 인한 도한(盜汗)을 완화하는 수렴작용을 한다.

② 작약 성분인 Paeoniflorin의 혈관평활근 경련억제 작용이 있다.

③ 위산분비억제 작용이 있다.

④ 방광의 운동능 강화로 빈뇨(頻尿)를 개선하고, 자궁(子宮), 신장(腎臟)근육의 운동능을 강화하여 자궁과 신장의 하수(下垂)로 인한 요통(腰痛)을 완화한다.

⑤ 작약 성분인 Paeoniflorin은 정맥(靜脈)근육의 운동능을 강화하고, d-Catechin이 정맥(靜脈)모세혈관의 혈소판 응고를 억제한다.

⑥ 관상동맥을 확장하여 혈류를 가속화(加速化)하여 심장기능을 개선한다.

⑦ 골격근과 소화관경련을 억제하여 복통을 완화한다.

⑧ 이질간균, 황색포도상구균, 녹농균, 대당간균에 대한 항균 작용이 강하다.

⑨ 소염 해열 작용을 한다.

⑩ 중추신경을 억제하여 진정, 진경, 진통 작용을 한다.

⑪ 면역능 조절작용이 있고 항염 작용을 한다.

⑫ 간손상을 억제한다. 해열 작용이 있다.

30. 천궁(川芎, 학명: *Cnidium officinale Makino*)

① 천궁 성분인 Ferulic acid가 진통, 진경작용과 평활근 이완 작용을 하여 장관의 경련이나 임신자궁의 수축, 경련을 억제한다.

② 정유가 중추신경계에 작용하여 대뇌 활동을 억제하여 진정 작용을 하며 카페인의 흥분 작용에 길항한다.

③ 관상동맥, 말초혈관을 확장하여 하지(下肢)와 심근의 혈류량을 증가한다.

④ 보통 1회 용량 3 g 이하에서는 혈압을 상승시키고, 3 g 이상에서는 혈압을 낮춘다.

31. 생강(生薑, 학명: *Zingiber officinale*)

① 생강 성분인 Zingerol이 혈관운동중추를 자극하여 혈액 순환을 (특히 말초에) 원활히 한다.

② 신장사구체 혈류량을 증강시켜 이뇨를 증진한다.

③ 위액분비를 자극하여 소화를 증진시킨다.

④ 진경 작용을 한다.

⑤ 생강 특유의 매운맛을 내는 진저롤과 쇼가올 성분이 몸의 찬 기운을 밖으로 내보내고 따뜻함을 유지시켜준다.

⑥ 생강을 먹으면 기침, 감기, 몸살, 목의 통증 등이 완화된다.

⑦ 생강의 진저롤은 메스꺼움을 예방한다.

⑧ 생강은 혈중 콜레스테롤을 없애기도 한다.

⑨ 혈소판 응집 억제 작용이 있다.

⑩ 생강은 해열 작용을 한다.

⑪ 생강은 화학 소염·진통제와 비슷한 효과를 낸다.

⑫ 생강은 산화 방지에 효과적이다.

32. 승마(升麻, 학명: *Cimicifuga racemosa*)

① 해열, 체온 강하 작용이 있다.

② 진통, 소염 작용이 있다.

③ 승마 성분인 Cimicifugoside는 세포성 면역능을 항진한다.

④ 승마 성분인 Isogerulic acid는 장티푸스로 인한 발열증상에 대해 체온을 하강시키고 진통 작용을 한다.

⑤ 승마 성분인 Visamminol과 Visnagin은 진경 작용을 한다.

⑥ 평활근운동능을 항진시키고 하수된 평활근을 제고시킨다.

⑦ 황기와 합하여 중증 근무력증에 근육의 장력을 강화한다.

33. 당귀(當歸, 학명: *Angelica sinensis (Oliv.) Diels*)

① 당귀에는 Vitamin B12, Folic acid, 철분(鐵分)이 있어서 조혈작용을 하여 혈허를 개선하고 혈액의 Hematocrit치를 높인다.

② 당귀에는 Vitamin E가 함유되어 있어 Vitamin E 결핍증에 작용하며 자궁발육을 촉진한다.

③ 자궁기능 조절 작용이 있어서 자궁이 수축되었을 때는 이완시키고 불규칙한 수축을 할 때는 수축력을 강화하여 유산을 방지한다.

④ 정유(精油)는 혈관을 확장하여 혈압을 저하시키고 뇌혈류를 증진시켜 말초혈관을 확장하여 혈액 순환을 원활히 하므로써 말초순환 장애를 개선한다.

⑤ 당귀의 Falcarindiol, Falcarinolone 등이 진정, 진통 작용을 하여 신경통, 관절통 등의 통증을 완화한다.

⑥ 당귀 성분인 β-Sitosterol-O-Glucoside는 항염 작용이 있어서 각종 염증을 억제한다.

34. 감초(甘草, *Glycyrrhiza uralensis*)

① Macrophage 탐식능을 활성화하고 면역기억세포의 생성을 촉진한다.

② 심근세포에 영양을 공급하고, 심장의 기외수축을 완화하여 심장운동능을 정상화한다.

③ 장관평활근 경련을 억제한다.

④ 감초 성분인 Glycyrrhizin은 항알레르기 작용, NK세포 활성화작용, 인테페론 유리 작용을 한다.

⑤ 위산분비를 억제하고, 위점막을 보호하는 항궤양 작용을 하며, 항알레르기 작용을 한다.

⑥ 감초 성분인 Glycyrrhetic acid은 스테로이드호르몬과 같은 작용을 하여 항염증 작용을 한다.

⑦ 감초는 Phospholipase A2 활성을 억제하고 Prostaglandin 생성을 저해하여 진통 작용을 한다.

⑧ 기관지평활근경련을 억제하여 진해 작용을 한다.

⑨ 진해(鎭咳)작용, 진정 작용 및 해독 작용을 한다.

⑩ 감초 성분의 Glycyrrhetic acid와 Glycyrrhizin은 항염 작용, 항알레르기 작용, 해열 작용을 한다.

⑪ 면역 세포를 활성화한다.

⑫ 위장평활근경련을 억제한다.

⑬ 간손상을 억제한다.

⑭ 인후점막의 자극을 완화한다.

⑮ 비특이적 면역능을 증강한다.

⑯ 항바이러스작용이 있으며 황색포도상구균, 결핵간균에 대한 항균 작용이 있다.

⑰ 항종양 작용이 있다.

35. 시호(柴胡, 학명: *Bupleurum falcatum*)

① 시호 성분인 Saikosaponin mixture가 중추신경을 억제하여 정신을 안정시킨다.

② 시호 성분인 Saikosaponin b1과 b2는 항알레르기 작용을 하며 Arthus 반응을 억제한다.

③ 시호 성분인 Saikosaponin b1과 c는 간 기능을 강화하여 간장애의 치료제로 사용된다.

④ 시호 성분인 Saikosaponin a, c, d는 부신을 자극하여 부신피질호르몬분비를 촉진하므로써 항염증작용이 있으며 혈소판 응고를 억제하고 고지혈증(Cholesterol, Triglyceride)을 개선하여, 만성염증, 간경화, 간염, 지방간(脂肪肝)을 개선한다.

⑤ 시호 성분인 Saikosaponin mixture가 담즙의 합성과 분비를 촉진한다.

⑥ 세포성 면역능과 체액성 면역증을 증강시키는 작용이 있다.

⑦ 유행성감기원인균에 대한 억제 작용이 있다.

⑧ 해열 작용, 진통 작용, 진정 작용이 있다.

약용식물의 모습

1. 대황_약용대황 잎 ➲ 본문 105쪽

2. 애엽_약쑥(사자발쑥) ➲ 본문 106쪽

3. 목향_토목향 ➲ 본문 106쪽

4. 목단피_목단(모란)꽃 ➲ 본문 107쪽

5. 택사_질경이택사 전초 ➲ 본문 107쪽

6. 산약(서여)_마 ➲ 본문 108쪽

8. 곽향_배초향 ➲ 본문 108쪽

7. 산수유 ➲ 본문 108쪽

9. 신이_목련 ➲ 본문 109쪽

10. 만형자 ➲ 본문 109쪽

11 세신_족도리풀 ➲ 본문 109쪽

12. 백지 ➲ 본문 109쪽

13. 진교_한진교 전초 ➲ 본문 110쪽

15. 지모 ➲ 본문 110쪽

16. 독활 ➲ 본문 111쪽

17. 소엽_차조기 ➲ 본문 111쪽

18. 후박_후박나무 꽃 ➲ 본문 111쪽

19. 치자 꽃 ➲ 본문 112쪽

20. 황금 ➲ 본문 112쪽

21. 황백_황벽나무 꽃 ➲ 본문 113쪽

22. 황련_황련 뿌리줄기 ➲ 본문 113쪽

23. 전호_바디나물 전초 ➲ 본문 114쪽

24. 강활 ➲ 본문 114쪽

25. 길경 ➲ 본문 114쪽

26. 반하 ➲ 본문 115쪽

27. 대조_대추 ➲ 본문 115쪽

28. 마황_중마황 ➲ 본문 115쪽

29. 작약 ➲ 본문 116쪽

30. 천궁(토천궁) 새싹 ➲ 본문 116쪽

31. 생강 ➲ 본문 117쪽

32. 승마 ➲ 본문 117쪽

33. 당귀_일당귀 ➲ 본문 118쪽

34. 감초 ➲ 본문 118쪽

35. 시호 꽃 ➲ 본문 119쪽

부록 A
화장품법 시행규칙

제1조(목적) 이 규칙은 「화장품법」 및 같은 법 시행령에서 위임된 사항과 그 시행에 필요한 사항을 규정함을 목적으로 한다.

제2조(기능성화장품의 범위) 「화장품법」(이하 "법"이라 한다) 제2조제2호 각 목 외의 부분에서 "총리령으로 정하는 화장품"이란 다음 각 호의 화장품을 말한다. 〈개정 2013. 3. 23., 2017. 1. 12., 2020. 8. 5.〉

1. 피부에 멜라닌색소가 침착하는 것을 방지하여 기미 · 주근깨 등의 생성을 억제함으로써 피부의 미백에 도움을 주는 기능을 가진 화장품
2. 피부에 침착된 멜라닌색소의 색을 엷게 하여 피부의 미백에 도움을 주는 기능을 가진 화장품
3. 피부에 탄력을 주어 피부의 주름을 완화 또는 개선하는 기능을 가진 화장품
4. 강한 햇볕을 방지하여 피부를 곱게 태워주는 기능을 가진 화장품
5. 자외선을 차단 또는 산란시켜 자외선으로부터 피부를 보호하는 기능을 가진 화장품
6. 모발의 색상을 변화[탈염(脫染) · 탈색(脫色)을 포함한다]시키는 기능을 가진 화장품. 다만, 일시적으로 모발의 색상을 변화시키는 제품은 제외한다.
7. 체모를 제거하는 기능을 가진 화장품. 다만, 물리적으로 체모를 제거하는 제품은 제외한다.
8. 탈모 증상의 완화에 도움을 주는 화장품. 다만, 코팅 등 물리적으로 모발을 굵게 보이게 하는 제품은 제외한다.
9. 여드름성 피부를 완화하는 데 도움을 주는 화장품. 다만, 인체세정용 제품류로 한정한다.
10. 피부장벽(피부의 가장 바깥 쪽에 존재하는 각질층의 표피를 말한다)의 기능을 회복하여

가려움 등의 개선에 도움을 주는 화장품

11. 튼살로 인한 붉은 선을 엷게 하는 데 도움을 주는 화장품

제2조의2(맞춤형화장품의 제외 대상) 법 제2조제3호의2나목 단서에서 "고형(固形) 비누 등 총리령으로 정하는 화장품"이란 고체 형태의 세안용 비누(이하 "화장비누"라 한다)를 말한다. 〈개정 2022. 2. 18.〉

[본조신설 2020. 6. 30.]

제3조(제조업의 등록 등) ① 삭제 〈2019. 3. 14.〉

② 법 제3조제1항 전단에 따라 화장품제조업 등록을 하려는 자는 별지 제1호서식의 화장품제조업 등록신청서(전자문서로 된 신청서를 포함한다)에 다음 각 호의 서류(전자문서를 포함한다)를 첨부하여 제조소의 소재지를 관할하는 지방식품의약품안전청장에게 제출하여야 한다. 〈개정 2019. 3. 14.〉

1. 화장품제조업을 등록하려는 자(법인인 경우에는 대표자를 말한다. 이하 이 항에서 같다)가 법 제3조의3제1호 본문에 해당되지 않음을 증명하는 의사의 진단서 또는 법 제3조의3제1호 단서에 해당하는 사람임을 증명하는 전문의의 진단서
2. 화장품제조업을 등록하려는 자가 법 제3조의3제3호에 해당되지 않음을 증명하는 의사의 진단서
3. 시설의 명세서

③ 제2항에 따라 신청서를 받은 지방식품의약품안전청장은 「전자정부법」 제36조제1항에 따른 행정정보의 공동이용을 통하여 법인 등기사항증명서(법인인 경우만 해당한다)를 확인하여야 한다.

④ 지방식품의약품안전청장은 제2항에 따른 등록신청이 등록요건을 갖춘 경우에는 화장품제조업 등록대장에 다음 각 호의 사항을 적고, 별지 제2호서식의 화장품제조업 등록필증을 발급하여야 한다. 〈개정 2014. 9. 24., 2019. 3. 14.〉

1. 등록번호 및 등록연월일
2. 화장품제조업자(화장품제조업을 등록한 자를 말한다. 이하 같다)의 성명 및 생년월일(법인인 경우에는 대표자의 성명 및 생년월일)
3. 화장품제조업자의 상호(법인인 경우에는 법인의 명칭)
4. 제조소의 소재지
5. 제조 유형

제4조(화장품책임판매업의 등록 등) ① 삭제 〈2019. 3. 14.〉

② 법 제3조제1항 전단에 따라 화장품책임판매업을 등록하려는 자는 별지 제3호서식의 화

장품책임판매업 등록신청서(전자문서로 된 신청서를 포함한다)에 다음 각 호의 서류[전자문서를 포함하며, 「화장품법 시행령」(이하 "영"이라 한다) 제2조제2호라목에 해당하는 경우에는 제출하지 않는다]를 첨부하여 화장품책임판매업소의 소재지를 관할하는 지방식품의약품안전청장에게 제출해야 한다. 〈개정 2019. 3. 14.〉

1. 법 제3조제3항에 따른 화장품의 품질관리 및 책임판매 후 안전관리에 적합한 기준에 관한 규정
2. 법 제3조제3항에 따른 책임판매관리자(이하 "책임판매관리자"라 한다)의 자격을 확인할 수 있는 서류

③ 제2항에 따라 신청서를 받은 지방식품의약품안전청장은 「전자정부법」 제36조제1항에 따른 행정정보의 공동이용을 통하여 법인 등기사항증명서(법인인 경우만 해당한다)를 확인하여야 한다.

④ 지방식품의약품안전청장은 제2항에 따른 등록신청이 등록요건을 갖춘 경우에는 화장품책임판매업 등록대장에 다음 각 호의 사항을 적고, 별지 제4호서식의 화장품책임판매업 등록필증을 발급하여야 한다. 〈개정 2014. 9. 24., 2019. 3. 14.〉

1. 등록번호 및 등록연월일
2. 화장품책임판매업자(화장품책임판매업을 등록한 자를 말한다. 이하 같다)의 성명 및 생년월일(법인인 경우에는 대표자의 성명 및 생년월일)
3. 화장품책임판매업자의 상호(법인인 경우에는 법인의 명칭)
4. 화장품책임판매업소의 소재지
5. 책임판매관리자의 성명 및 생년월일
6. 책임판매 유형

[제목개정 2019. 3. 14.]

제5조(화장품제조업 등의 변경등록) ① 법 제3조제1항 후단에 따라 화장품제조업자 또는 화장품책임판매업자가 변경등록을 하여야 하는 경우는 다음 각 호와 같다. 〈개정 2014. 9. 24., 2019. 3. 14.〉

1. 화장품제조업자는 다음 각 목의 어느 하나에 해당하는 경우
   가. 화장품제조업자의 변경(법인인 경우에는 대표자의 변경)
   나. 화장품제조업자의 상호 변경(법인인 경우에는 법인의 명칭 변경)
   다. 제조소의 소재지 변경
   라. 제조 유형 변경
2. 화장품책임판매업자는 다음 각 목의 어느 하나에 해당하는 경우
   가. 화장품책임판매업자의 변경(법인인 경우에는 대표자의 변경)

나. 화장품책임판매업자의 상호 변경(법인인 경우에는 법인의 명칭 변경)

다. 화장품책임판매업소의 소재지 변경

라. 책임판매관리자의 변경

마. 책임판매 유형 변경

② 화장품제조업자 또는 화장품책임판매업자는 제1항에 따른 변경등록을 하는 경우에는 변경 사유가 발생한 날부터 30일(행정구역 개편에 따른 소재지 변경의 경우에는 90일) 이내에 별지 제5호서식의 화장품제조업 변경등록 신청서(전자문서로 된 신청서를 포함한다) 또는 별지 제6호서식의 화장품책임판매업 변경등록 신청서(전자문서로 된 신청서를 포함한다)에 화장품제조업 등록필증 또는 화장품책임판매업 등록필증과 다음 각 호의 구분에 따라 해당 서류(전자문서를 포함한다)를 첨부하여 지방식품의약품안전청장에게 제출하여야 한다. 이 경우 등록 관청을 달리하는 화장품제조소 또는 화장품책임판매업소의 소재지 변경의 경우에는 새로운 소재지를 관할하는 지방식품의약품안전청장에게 제출하여야 한다. 〈개정 2014. 9. 24., 2016. 9. 9., 2019. 3. 14., 2019. 12. 12.〉

1. 화장품제조업자 또는 화장품책임판매업자의 변경(법인의 경우에는 대표자의 변경)의 경우에는 다음 각 목의 서류
   가. 제3조제2항제1호에 해당하는 서류(제조업자만 제출한다)
   나. 제3조제2항제2호에 해당하는 서류(제조업자만 제출한다)
   다. 양도 · 양수의 경우에는 이를 증명하는 서류
   라. 상속의 경우에는 「가족관계의 등록 등에 관한 법률」제15조제1항제1호의 가족관계증명서
2. 제조소의 소재지 변경(행정구역개편에 따른 사항은 제외한다)의 경우: 제3조제2항제3호에 해당하는 서류
3. 책임판매관리자 변경의 경우: 제4조제2항제2호에 해당하는 서류(영 제2조제2호라목의 화장품책임판매업을 등록한 자가 두는 책임판매관리자는 제외한다)
4. 다음 각 목에 해당하는 제조 유형 또는 책임판매 유형 변경의 경우
   가. 영 제2조제1호다목의 화장품제조 유형으로 등록한 자가 같은 호 가목 또는 나목의 화장품제조 유형으로 변경하거나 같은 호 가목 또는 나목의 제조 유형을 추가하는 경우: 제3조제2항제3호에 해당하는 서류
   나. 영 제2조제2호라목의 화장품책임판매 유형으로 등록한 자가 같은 호 가목부터 다목까지의 책임판매 유형으로 변경하거나 같은 호 가목부터 다목까지의 책임판매 유형을 추가하는 경우: 제4조제2항제1호 및 제2호에 해당하는 서류

③ 제1항 및 제2항에 따라 화장품제조업 변경등록 신청서 또는 화장품책임판매업 변경등

록 신청서를 받은 지방식품의약품안전청장은 「전자정부법」 제36조제1항에 따른 행정정보의 공동이용을 통하여 법인 등기사항증명서(법인인 경우만 해당한다)를 확인하여야 한다. 〈개정 2019. 3. 14.〉

④ 지방식품의약품안전청장은 제2항 및 제3항에 따른 변경등록 신청사항을 확인한 후 화장품 제조업 등록대장 또는 화장품책임판매업 등록대장에 각각의 변경사항을 적고, 화장품제조업 등록필증 또는 화장품책임판매업 등록필증의 뒷면에 변경사항을 적은 후 이를 내주어야 한다. 〈개정 2019. 3. 14.〉

[제목개정 2019. 3. 14.]

제6조(시설기준 등) ① 법 제3조제2항 본문에 따라 화장품제조업을 등록하려는 자가 갖추어야 하는 시설은 다음 각 호와 같다. 〈개정 2019. 3. 14.〉

1. 제조 작업을 하는 다음 각 목의 시설을 갖춘 작업소
   가. 쥐 · 해충 및 먼지 등을 막을 수 있는 시설
   나. 작업대 등 제조에 필요한 시설 및 기구
   다. 가루가 날리는 작업실은 가루를 제거하는 시설
2. 원료 · 자재 및 제품을 보관하는 보관소
3. 원료 · 자재 및 제품의 품질검사를 위하여 필요한 시험실
4. 품질검사에 필요한 시설 및 기구

② 제1항에도 불구하고 법 제3조제2항 단서에 따라 다음 각 호의 경우에는 그 구분에 따라 시설의 일부를 갖추지 아니할 수 있다. 〈개정 2013. 3. 23., 2014. 8. 20., 2019. 3. 14.〉

1. 화장품제조업자가 화장품의 일부 공정만을 제조하는 경우에는 해당 공정에 필요한 시설 및 기구 외의 시설 및 기구
2. 다음 각 목의 어느 하나에 해당하는 기관 등에 원료 · 자재 및 제품에 대한 품질검사를 위탁하는 경우에는 제1항제3호 및 제4호의 시설 및 기구
   가. 「보건환경연구원법」 제2조에 따른 보건환경연구원
   나. 제1항제3호에 따른 시험실을 갖춘 제조업자
   다. 「식품 · 의약품분야 시험 · 검사 등에 관한 법률」 제6조에 따른 화장품 시험 · 검사기관(이하 "화장품 시험 · 검사기관"이라 한다)
   라. 「약사법」 제67조에 따라 조직된 사단법인인 한국의약품수출입협회

③ 제조업자는 화장품의 제조시설을 이용하여 화장품 외의 물품을 제조할 수 있다. 다만, 제품 상호간에 오염의 우려가 있는 경우에는 그러하지 아니하다.

제7조(화장품의 품질관리기준 등) 법 제3조제3항에 따른 화장품의 품질관리기준은 별표 1과 같고, 책임판매 후 안전관리기준은 별표 2와 같다. 〈개정 2019. 3. 14.〉

[별표 1 품질관리기준(제7조 관련)

1. 용어의 정의

이 표에서 사용하는 용어의 뜻은 다음과 같다.

가. "품질관리"란 화장품의 책임판매 시 필요한 제품의 품질을 확보하기 위해서 실시하는 것으로서, 화장품제조업자 및 제조에 관계된 업무(시험 · 검사 등의 업무를 포함한다)에 대한 관리 · 감독 및 화장품의 시장 출하에 관한 관리, 그 밖에 제품의 품질의 관리에 필요한 업무를 말한다.

나. "시장출하"란 화장품책임판매업자가 그 제조 등(타인에게 위탁 제조 또는 검사하는 경우를 포함하고 타인으로부터 수탁 제조 또는 검사하는 경우는 포함하지 않는다. 이하 같다)을 하거나 수입한 화장품의 판매를 위해 출하하는 것을 말한다.

2. 품질관리 업무에 관련된 조직 및 인원

화장품책임판매업자는 책임판매관리자를 두어야 하며, 품질관리 업무를 적정하고 원활하게 수행할 능력이 있는 인력을 충분히 갖추어야 한다.

3. 품질관리업무의 절차에 관한 문서 및 기록 등

가. 화장품책임판매업자는 품질관리 업무를 적정하고 원활하게 수행하기 위하여 다음의 사항이 포함된 품질관리 업무 절차서를 작성 · 보관해야 한다.

1) 적정한 제조관리 및 품질관리 확보에 관한 절차
2) 품질 등에 관한 정보 및 품질 불량 등의 처리 절차
3) 회수처리 절차
4) 교육 · 훈련에 관한 절차
5) 문서 및 기록의 관리 절차
6) 시장출하에 관한 기록 절차
7) 그 밖에 품질관리 업무에 필요한 절차

나. 화장품책임판매업자는 품질관리 업무 절차서에 따라 다음의 업무를 수행해야 한다.

1) 화장품제조업자가 화장품을 적정하고 원활하게 제조한 것임을 확인하고 기록할 것
2) 제품의 품질 등에 관한 정보를 얻었을 때 해당 정보가 인체에 영향을 미치는 경우에는 그 원인을 밝히고, 개선이 필요한 경우에는 적정한 조치를 하고 기록할 것
3) 책임판매한 제품의 품질이 불량하거나 품질이 불량할 우려가 있는 경우 회수 등 신속한 조치를 하고 기록할 것
4) 시장출하에 관하여 기록할 것

5) 제조번호별 품질검사를 철저히 한 후 그 결과를 기록할 것. 다만, 화장품제조업자와 화장품책임판매업자가 같은 경우, 화장품제조업자 또는 「식품 · 의약품분야 시험 · 검사 등에 관한 법률」 제6조에 따른 식품의약품안전처장이 지정한 화장품 시험 · 검사기관에 품질검사를 위탁하여 제조번호별 품질검사 결과가 있는 경우에는 품질검사를 하지 않을 수 있다.

6) 그 밖에 품질관리에 관한 업무를 수행할 것

다. 화장품책임판매업자는 책임판매관리자가 업무를 수행하는 장소에 품질관리 업무 절차서 원본을 보관하고, 그 외의 장소에는 원본과 대조를 마친 사본을 보관해야 한다.

4. 책임판매관리자의 업무

화장품책임판매업자는 품질관리 업무 절차서에 따라 다음 각 목의 업무를 책임판매관리자에게 수행하도록 해야 한다.

가. 품질관리 업무를 총괄할 것

나. 품질관리 업무가 적정하고 원활하게 수행되는 것을 확인할 것

다. 품질관리 업무의 수행을 위하여 필요하다고 인정할 때에는 화장품책임판매업자에게 문서로 보고할 것

라. 품질관리 업무 시 필요에 따라 화장품제조업자, 맞춤형화장품판매업자 등 그 밖의 관계자에게 문서로 연락하거나 지시할 것

마. 품질관리에 관한 기록 및 화장품제조업자의 관리에 관한 기록을 작성하고 이를 해당 제품의 제조일(수입의 경우 수입일을 말한다)부터 3년간 보관할 것

5. 회수처리

화장품책임판매업자는 품질관리 업무 절차서에 따라 책임판매관리자에게 다음과 같이 회수 업무를 수행하도록 해야 한다.

가. 회수한 화장품은 구분하여 일정 기간 보관한 후 폐기 등 적정한 방법으로 처리할 것

나. 회수 내용을 적은 기록을 작성하고 화장품책임판매업자에게 문서로 보고할 것

6. 교육 · 훈련

화장품책임판매업자는 책임판매관리자에게 교육 · 훈련계획서를 작성하게 하고, 품질관리 업무 절차서 및 교육 · 훈련계획서에 따라 다음의 업무를 수행하도록 해야 한다.

가. 품질관리 업무에 종사하는 사람들에게 품질관리 업무에 관한 교육 · 훈련을 정기적으로 실시하고 그 기록을 작성, 보관할 것

나. 책임판매관리자 외의 사람이 교육 · 훈련 업무를 실시하는 경우에는 교육 · 훈련 실

시 상황을 화장품책임판매업자에게 문서로 보고할 것

7. 문서 및 기록의 정리

화장품책임판매업자는 문서 · 기록에 관하여 다음과 같이 관리해야 한다.

가. 문서를 작성하거나 개정했을 때에는 품질관리 업무 절차서에 따라 해당 문서의 승인, 배포, 보관 등을 할 것

나. 품질관리 업무 절차서를 작성하거나 개정했을 때에는 해당 품질관리 업무 절차서에 그 날짜를 적고 개정 내용을 보관할 것

8. 영 제2조제2호라목의 화장품책임판매업을 등록한 자에 대해서는 제1호부터 제7호까지의 규정 중 제3호가목1) · 4) · 6), 나목1) · 4) · 5), 제4호마목 및 제6호를 적용하지 않는다.

[별표 2] 책임판매 후 안전관리기준(제7조 관련)

1. 용어의 정의

이 표에서 사용하는 용어의 뜻은 다음과 같다.

가. "안전관리 정보"란 화장품의 품질, 안전성 · 유효성, 그 밖에 적정 사용을 위한 정보를 말한다.

나. "안전확보 업무"란 화장품책임판매 후 안전관리 업무 중 정보 수집, 검토 및 그 결과에 따른 필요한 조치(이하 "안전확보 조치"라 한다)에 관한 업무를 말한다.

2. 안전확보 업무에 관련된 조직 및 인원

화장품책임판매업자는 책임판매관리자를 두어야 하며, 안전확보 업무를 적정하고 원활하게 수행할 능력을 갖는 인원을 충분히 갖추어야 한다.

3. 안전관리 정보 수집

화장품책임판매업자는 책임판매관리자에게 학회, 문헌, 그 밖의 연구보고 등에서 안전관리 정보를 수집 · 기록하도록 해야 한다.

4. 안전관리 정보의 검토 및 그 결과에 따른 안전확보 조치

화장품책임판매업자는 다음의 업무를 책임판매관리자에게 수행하도록 해야 한다.

가. 제3호에 따라 수집한 안전관리 정보를 신속히 검토 · 기록할 것

나. 제3호에 따라 수집한 안전관리 정보의 검토 결과 조치가 필요하다고 판단될 경우 회수, 폐기, 판매정지 또는 첨부문서의 개정, 식품의약품안전처장에게 보고 등 안전확보 조치를 할 것

다. 안전확보 조치계획을 화장품책임판매업자에게 문서로 보고한 후 그 사본을 보관할 것

5. 안전확보 조치의 실시

화장품책임판매업자는 다음의 업무를 책임판매관리자에게 수행하도록 해야 한다.

가. 안전확보 조치계획을 적정하게 평가하여 안전확보 조치를 결정하고 이를 기록 · 보관할 것

나. 안전확보 조치를 수행할 경우 문서로 지시하고 이를 보관할 것

다. 안전확보 조치를 실시하고 그 결과를 화장품책임판매업자에게 문서로 보고한 후 보관할 것

6. 책임판매관리자의 업무

화장품책임판매업자는 다음의 업무를 책임판매관리자에게 수행하도록 해야 한다.

가. 안전확보 업무를 총괄할 것

나. 안전확보 업무가 적정하고 원활하게 수행되는 것을 확인하여 기록 · 보관할 것

다. 안전확보 업무의 수행을 위하여 필요하다고 인정할 때에는 화장품책임판매업자에게 문서로 보고한 후 보관할 것

제8조(책임판매관리자의 자격기준 등) ① 법 제3조제3항에 따라 화장품책임판매업자(영 제2조제2호라목의 화장품책임판매업을 등록한 자는 제외한다)가 두어야 하는 책임판매관리자는 다음 각 호의 어느 하나의 해당하는 사람이어야 한다. 〈개정 2013. 12. 6., 2014. 9. 24., 2016. 9. 9., 2018. 12. 31., 2019. 3. 14., 2021. 5. 14.〉

1. 「의료법」에 따른 의사 또는 「약사법」에 따른 약사
2. 「고등교육법」 제2조 각 호에 따른 학교(같은 조 제4호의 전문대학은 제외한다. 이하 이 조에서 "대학등"이라 한다)에서 학사 이상의 학위를 취득한 사람(법령에서 이와 같은 수준 이상의 학력이 있다고 인정한 사람을 포함한다. 이하 이 조에서 같다)으로서 이공계(「국가과학기술 경쟁력 강화를 위한 이공계지원 특별법」 제2조제1호에 따른 이공계를 말한다) 학과 또는 향장학 · 화장품과학 · 한의학 · 한약학과 등을 전공한 사람

2의2. 대학등에서 학사 이상의 학위를 취득한 사람으로서 간호학과, 간호과학과, 건강간호학과를 전공하고 화학 · 생물학 · 생명과학 · 유전학 · 유전공학 · 향장학 · 화장품과학 · 의학 · 약학 등 관련 과목을 20학점 이상 이수한 사람

3. 「고등교육법」 제2조제4호에 따른 전문대학(이하 이 조에서 "전문대학"이라 한다) 졸업자(법령에서 이와 같은 수준 이상의 학력이 있다고 인정한 사람을 포함한다. 이하 이 조에서 같다)로서 화학 · 생물학 · 화학공학 · 생물공학 · 미생물학 · 생화학 · 생명과학 · 생명

공학 · 유전공학 · 향장학 · 화장품과학 · 한의학과 · 한약학과 등 화장품 관련 분야(이하 "화장품 관련 분야"라 한다)를 전공한 후 화장품 제조 또는 품질관리 업무에 1년 이상 종사한 경력이 있는 사람

3의2. 전문대학을 졸업한 사람으로서 간호학과, 간호과학과, 건강간호학과를 전공하고 화학 · 생물학 · 생명과학 · 유전학 · 유전공학 · 향장학 · 화장품과학 · 의학 · 약학 등 관련 과목을 20학점 이상 이수한 후 화장품 제조나 품질관리 업무에 1년 이상 종사한 경력이 있는 사람

3의3. 식품의약품안전처장이 정하여 고시하는 전문 교육과정을 이수한 사람(식품의약품안전처장이 정하여 고시하는 품목만 해당한다)

3의4. 법 제3조의2제2항에 따른 맞춤형화장품조제관리사(이하 "맞춤형화장품조제관리사"라 한다) 자격시험에 합격한 사람으로서 화장품 제조 또는 품질관리 업무에 1년 이상 종사한 경력이 있는 사람

4. 그 밖에 화장품 제조 또는 품질관리 업무에 2년 이상 종사한 경력이 있는 사람

5. 삭제 〈2014. 9. 24.〉

6. 삭제 〈2014. 9. 24.〉

② 책임판매관리자는 다음 각 호의 직무를 수행한다. 〈개정 2019. 3. 14.〉

1. 별표 1의 품질관리기준에 따른 품질관리 업무
2. 별표 2의 책임판매 후 안전관리기준에 따른 안전확보 업무
3. 원료 및 자재의 입고(入庫)부터 완제품의 출고에 이르기까지 필요한 시험 · 검사 또는 검정에 대하여 제조업자를 관리 · 감독하는 업무

③ 상시근로자수가 10명 이하인 화장품책임판매업을 경영하는 화장품책임판매업자(법인인 경우에는 그 대표자를 말한다)가 제1항 각 호의 어느 하나에 해당하는 사람인 경우에는 그 사람이 제2항에 따른 책임판매관리자의 직무를 수행할 수 있다. 이 경우 책임판매관리자를 둔 것으로 본다. 〈신설 2013. 12. 6., 2016. 6. 30., 2019. 3. 14.〉

[제목개정 2019. 3. 14.]

제8조의2(맞춤형화장품판매업의 신고) ① 법 제3조의2제1항 전단에 따라 맞춤형화장품판매업의 신고를 하려는 자는 별지 제6호의2서식의 맞춤형화장품판매업 신고서에 맞춤형화장품조제관리사의 자격증 사본과 시설의 명세서를 첨부하여 맞춤형화장품판매업소의 소재지를 관할하는 지방식품의약품안전청장에게 제출해야 한다. 다만, 맞춤형화장품판매업을 신고한 자(이하 "맞춤형화장품판매업자"라 한다)가 판매업소로 신고한 소재지 외의 장소에서 1개월의 범위에서 한시적으로 같은 영업을 하려는 경우에는 해당 맞춤형화장품판매업 신고서에 별지 제6호의3서식에 따른 맞춤형화장품판매업 신고필증 사본과 맞춤형화장품조제관리사

자격증 사본을 첨부하여 제출해야 한다. 〈개정 2021. 5. 14., 2021. 10. 15., 2022. 2. 18.〉

② 지방식품의약품안전청장은 제1항에 따른 신고를 받은 경우에는 「전자정부법」 제36조제1항에 따른 행정정보의 공동이용을 통해 법인 등기사항증명서(법인인 경우만 해당한다)를 확인해야 한다.

③ 지방식품의약품안전청장은 제1항에 따른 신고가 그 요건을 갖춘 경우에는 맞춤형화장품판매업 신고대장에 다음 각 호의 사항을 적고, 별지 제6호의3서식의 맞춤형화장품판매업 신고필증을 발급해야 한다. 〈개정 2021. 10. 15.〉

1. 신고 번호 및 신고 연월일
2. 맞춤형화장품판매업자의 성명 및 생년월일(법인인 경우에는 대표자의 성명 및 생년월일)
3. 맞춤형화장품판매업자의 상호 및 소재지
4. 맞춤형화장품판매업소의 상호 및 소재지
5. 맞춤형화장품조제관리사의 성명, 생년월일 및 자격증 번호
6. 영업의 기간(제1항 단서에 따라 한시적으로 맞춤형화장품판매업을 하려는 경우만 해당한다)

④ 맞춤형화장품판매업자가 법 제3조의4제1항에 따른 맞춤형화장품조제관리사 자격시험(이하 "자격시험"이라 한다)에 합격한 경우에는 해당 맞춤형화장품판매업자의 판매업소 중 하나의 판매업소에서 맞춤형화장품조제관리사 업무를 수행할 수 있다. 이 경우 해당 판매업소에는 맞춤형화장품조제관리사를 둔 것으로 본다. 〈신설 2021. 5. 14.〉

[본조신설 2020. 3. 13.]

제8조의3(맞춤형화장품판매업의 변경신고) ① 법 제3조의2제1항 후단에 따라 맞춤형화장품판매업자가 변경신고를 해야 하는 경우는 다음 각 호와 같다.

1. 맞춤형화장품판매업자를 변경하는 경우
2. 맞춤형화장품판매업소의 상호 또는 소재지를 변경하는 경우
3. 맞춤형화장품조제관리사를 변경하는 경우

② 맞춤형화장품판매업자가 제1항에 따른 변경신고를 하려면 별지 제6호의4서식의 맞춤형화장품판매업 변경신고서(전자문서로 된 신고서를 포함한다)에 맞춤형화장품판매업 신고필증과 그 변경을 증명하는 서류(전자문서를 포함한다)를 첨부하여 맞춤형화장품판매업소의 소재지를 관할하는 지방식품의약품안전청장에게 제출해야 한다. 이 경우 소재지를 변경하는 때에는 새로운 소재지를 관할하는 지방식품의약품안전청장에게 제출해야 한다.

③ 지방식품의약품안전청장은 제2항에 따라 맞춤형화장품판매업 변경신고를 받은 경우에는 「전자정부법」 제36조제1항에 따른 행정정보의 공동이용을 통해 법인 등기사항증명서(법인인 경우만 해당한다)를 확인해야 한다.

④ 지방식품의약품안전청장은 제2항에 따른 변경신고가 그 요건을 갖춘 때에는 맞춤형화장품판매업 신고대장과 맞춤형화장품판매업 신고필증의 뒷면에 각각의 변경사항을 적어야 한다. 이 경우 맞춤형화장품판매업 신고필증은 신고인에게 다시 내주어야 한다.

[본조신설 2020. 3. 13.]

제8조의4(맞춤형화장품판매업의 시설기준) 법 제3조의2제2항에 따라 맞춤형화장품판매업을 신고하려는 자는 맞춤형화장품의 혼합 · 소분 공간을 그 외의 용도로 사용되는 공간과 분리 또는 구획하여 갖추어야 한다. 다만, 혼합 · 소분 과정에서 맞춤형화장품의 품질 · 안전 등 보건위생상 위해가 발생할 우려가 없다고 인정되는 경우에는 혼합 · 소분 공간을 분리 또는 구획하여 갖추지 않아도 된다.

[본조신설 2022. 2. 18.]

[종전 제8조의4는 제8조의5로 이동 〈2022. 2. 18.〉]

제8조의5(맞춤형화장품조제관리사 자격시험) ① 식품의약품안전처장은 매년 1회 이상 자격시험을 실시해야 한다. 〈개정 2021. 5. 14.〉

② 식품의약품안전처장은 자격시험을 실시하려는 경우에는 시험일시, 시험장소, 시험과목, 응시방법 등이 포함된 자격시험 시행계획을 시험 실시 90일전까지 식품의약품안전처 인터넷 홈페이지에 공고해야 한다.

③ 자격시험은 필기시험으로 실시하며, 그 시험과목은 다음 각 호의 구분에 따른다.

1. 제1과목: 화장품 관련 법령 및 제도 등에 관한 사항
2. 제2과목: 화장품의 제조 및 품질관리와 원료의 사용기준 등에 관한 사항
3. 제3과목: 화장품의 유통 및 안전관리 등에 관한 사항
4. 제4과목: 맞춤형화장품의 특성 · 내용 및 관리 등에 관한 사항

④ 자격시험은 전 과목 총점의 60퍼센트 이상의 점수와 매 과목 만점의 40퍼센트 이상의 점수를 모두 득점한 사람을 합격자로 한다.

⑤ 자격시험에서 부정행위를 한 사람에 대해서는 그 시험을 정지시키거나 그 합격을 무효로 한다.

⑥ 식품의약품안전처장은 자격시험을 실시할 때마다 시험과목에 대한 전문 지식을 갖추거나 화장품에 관한 업무 경험이 풍부한 사람 중에서 시험 위원을 위촉한다. 이 경우 해당 위원에 대해서는 예산의 범위에서 수당 및 여비 등을 지급할 수 있다.

⑦ 제1항부터 제6항까지에서 규정한 사항 외에 자격시험의 실시 방법 및 절차 등에 필요한 세부 사항은 식품의약품안전처장이 정하여 고시한다.

[본조신설 2020. 3. 13.]

[제8조의4에서 이동, 종전 제8조의5는 제8조의6으로 이동 〈2022. 2. 18.〉]

제8조의6(맞춤형화장품조제관리사 자격증의 발급 신청 등) ① 자격시험에 합격하여 자격증을 발급받으려는 사람은 별지 제6호의5서식의 맞춤형화장품조제관리사 자격증 발급 신청서에 다음 각 호의 서류를 첨부하여 식품의약품안전처장에게 제출해야 한다. 〈개정 2021. 5. 14., 2022. 2. 18.〉

1. 법 제3조의5제1호 본문에 해당되지 않음을 증명하는 최근 6개월 이내의 의사의 진단서 또는 법 제3조의5제1호 단서에 해당하는 사람임을 증명하는 최근 6개월 이내의 전문의의 진단서
2. 법 제3조의5제3호에 해당되지 않음을 증명하는 최근 6개월 이내의 의사의 진단서

② 식품의약품안전처장은 제1항에 따른 발급 신청이 그 요건을 갖춘 경우에는 별지 제6호의6서식에 따른 맞춤형화장품조제관리사 자격증을 발급해야 한다.

③ 자격증을 잃어버리거나 못 쓰게 된 경우에는 별지 제6호의5서식의 맞춤형화장품조제관리사 자격증 재발급 신청서에 다음 각 호의 구분에 따른 서류를 첨부하여 식품의약품안전처장에게 제출해야 한다. 〈개정 2022. 2. 18.〉

1. 자격증을 잃어버린 경우: 분실 사유서
2. 자격증을 못 쓰게 된 경우: 자격증 원본

④ 제1항부터 제3항까지에서 규정한 사항 외에 자격증의 발급 · 재발급 등에 필요한 세부사항은 식품의약품안전처장이 정하여 고시한다. 〈신설 2022. 2. 18.〉

[본조신설 2020. 3. 13.]

[제8조의5에서 이동, 종전 제8조의6은 제8조의7로 이동 〈2022. 2. 18.〉]

제8조의7(시험운영기관의 지정 등) 식품의약품안전처장은 법 제3조의4제3항에 따라 시험운영기관을 지정하거나 시험운영기관에 자격시험의 관리 및 자격증 발급 · 재발급 등의 업무를 위탁한 경우에는 그 내용을 식품의약품안전처 인터넷 홈페이지에 게재해야 한다. 〈개정 2022. 2. 18.〉

[본조신설 2020. 3. 13.]

[제8조의6에서 이동 〈2022. 2. 18.〉]

제9조(기능성화장품의 심사) ① 법 제4조제1항에 따라 기능성화장품(제10조에 따라 보고서를 제출해야 하는 기능성화장품은 제외한다. 이하 이 조에서 같다)으로 인정받아 판매 등을 하려는 화장품제조업자, 화장품책임판매업자 또는 「기초연구진흥 및 기술개발지원에 관한 법률」 제6조제1항 및 제14조의2에 따른 대학 · 연구기관 · 연구소(이하 "연구기관등"이라 한다)는 품목별로 별지 제7호서식의 기능성화장품 심사의뢰서(전자문서로 된 심사의뢰서를 포함한다)에 다음 각 호의 서류(전자문서를 포함한다)를 첨부하여 식품의약품안전평가원장의 심사를 받아야 한다. 다만, 식품의약품안전처장이 제품의 효능 · 효과를 나타내는

성분 · 함량을 고시한 품목의 경우에는 제1호부터 제4호까지의 자료 제출을, 기준 및 시험방법을 고시한 품목의 경우에는 제5호의 자료 제출을 각각 생략할 수 있다. 〈개정 2013. 3. 23., 2013. 12. 6., 2019. 3. 14., 2021. 9. 10.〉

1. 기원(起源) 및 개발 경위에 관한 자료
2. 안전성에 관한 자료
   가. 단회 투여 독성시험 자료
   나. 1차 피부 자극시험 자료
   다. 안(眼)점막 자극 또는 그 밖의 점막 자극시험 자료
   라. 피부 감작성(感作性: 외부 자극에 의한 면역계 반응성을 말한다. 이하 같다) 시험 자료
   마. 광독성(빛에 의한 독성 반응성을 말한다. 이하 같다) 및 광감작성(빛에 의한 면역계 반응성을 말한다. 이하 같다) 시험 자료
   바. 인체 첩포시험(貼布試驗: 접촉 피부염의 원인을 파악하기 위해 원인 추정 물질을 몸에 붙여 반응을 조사하는 시험을 말한다. 이하 같다) 자료
3. 유효성 또는 기능에 관한 자료
   가. 효력시험 자료
   나. 인체 적용시험 자료
4. 자외선 차단지수 및 자외선A 차단등급 설정의 근거자료(자외선을 차단 또는 산란시켜 자외선으로부터 피부를 보호하는 기능을 가진 화장품의 경우만 해당한다)
5. 기준 및 시험방법에 관한 자료[검체(檢體)를 포함한다]

② 삭제 〈2021. 12. 28.〉

③ 제1항에 따라 심사를 받은 사항을 변경하려는 자는 별지 제8호서식의 기능성화장품 변경심사 의뢰서에 다음 각 호의 서류를 첨부하여 식품의약품안전평가원장에게 제출해야 한다. 〈개정 2013. 3. 23., 2021. 12. 28.〉

1. 먼저 발급받은 기능성화장품심사결과통지서
2. 변경사유를 증명할 수 있는 서류(기능성화장품 심사를 받은 자 간에 법 제4조제1항에 따라 심사받은 기능성화장품에 대한 권리를 양도 · 양수하여 심사받은 자를 변경하려는 경우에는 양도 · 양수계약서를 말한다)

④ 식품의약품안전평가원장은 제1항 또는 제3항에 따라 심사의뢰서나 변경심사 의뢰서를 받은 경우에는 다음 각 호의 심사기준에 따라 심사하여야 한다. 〈개정 2013. 3. 23.〉

1. 기능성화장품의 원료와 그 분량은 효능 · 효과 등에 관한 자료에 따라 합리적이고 타당하여야 하며, 각 성분의 배합의의(配合意義)가 인정되어야 할 것
2. 기능성화장품의 효능 · 효과는 법 제2조제2호 각 목에 적합할 것
3. 기능성화장품의 용법 · 용량은 오용될 여지가 없는 명확한 표현으로 적을 것

⑤ 식품의약품안전평가원장은 제4항에 따라 심사를 한 후 심사대장에 다음 각 호의 사항을 적고, 별지 제9호서식의 기능성화장품 심사 · 변경심사 결과통지서를 발급해야 한다. 〈개정 2013. 3. 23., 2019. 3. 14., 2021. 12. 28.〉

1. 심사번호 및 심사연월일 또는 변경심사 연월일
2. 기능성화장품 심사를 받은 화장품제조업자, 화장품책임판매업자 또는 연구기관등의 상호(법인인 경우에는 법인의 명칭) 및 소재지
3. 제품명
4. 효능 · 효과

⑥ 제1항부터 제4항까지의 규정에 따른 첨부자료의 범위 · 요건 · 작성요령과 제출이 면제되는 범위 및 심사기준 등에 관한 세부 사항은 식품의약품안전처장이 정하여 고시한다. 〈개정 2013. 3. 23., 2013. 12. 6.〉

제10조(보고서 제출 대상 등) ① 법 제4조제1항에 따라 기능성화장품의 심사를 받지 아니하고 식품의약품안전평가원장에게 보고서를 제출하여야 하는 대상은 다음 각 호와 같다. 〈개정 2013. 3. 23., 2013. 12. 6., 2017. 7. 31., 2019. 3. 14., 2019. 12. 12.〉

1. 효능 · 효과가 나타나게 하는 성분의 종류 · 함량, 효능 · 효과, 용법 · 용량, 기준 및 시험방법이 식품의약품안전처장이 고시한 품목과 같은 기능성화장품
2. 이미 심사를 받은 기능성화장품[화장품제조업자(화장품제조업자가 제품을 설계 · 개발 · 생산하는 방식으로 제조한 경우만 해당한다)가 같거나 화장품책임판매업자가 같은 경우 또는 제9조제1항에 따라 기능성화장품으로 심사받은 연구기관등이 같은 기능성화장품만 해당한다. 이하 제3호에서 같다]과 다음 각 목의 사항이 모두 같은 품목. 다만, 제2조제1호부터 제3호까지 및 같은 조 제8호부터 제11호까지의 기능성화장품은 이미 심사를 받은 품목이 대조군(對照群)(효능 · 효과가 나타나게 하는 성분을 제외한 것을 말한다)과의 비교실험을 통하여 효능이 입증된 경우만 해당한다.
   가. 효능 · 효과가 나타나게 하는 원료의 종류 · 규격 및 함량(액체상태인 경우에는 농도를 말한다)
   나. 효능 · 효과(제2조제4호 및 제5호의 기능성화장품의 경우 자외선 차단지수의 측정값이 마이너스 20퍼센트 이하의 범위에 있는 경우에는 같은 효능 · 효과로 본다)
   다. 기준[산성도(pH)에 관한 기준은 제외한다] 및 시험방법
   라. 용법 · 용량
   마. 제형(劑形)[제2조제1호부터 제3호까지 및 같은 조 제6호부터 제11호까지의 기능성화장품의 경우에는 액제(Solution), 로션제(Lotion) 및 크림제(Cream)를 같은 제형으로 본다]

3. 이미 심사를 받은 기능성화장품 및 식품의약품안전처장이 고시한 기능성화장품과 비교하여 다음 각 목의 사항이 모두 같은 품목(이미 심사를 받은 제2조제4호 및 제5호의 기능성화장품으로서 그 효능 · 효과를 나타나게 하는 성분 · 함량과 식품의약품안전처장이 고시한 제2조제1호부터 제3호까지의 기능성화장품으로서 그 효능 · 효과를 나타나게 하는 성분 · 함량이 서로 혼합된 품목만 해당한다)

가. 효능 · 효과를 나타나게 하는 원료의 종류 · 규격 및 함량

나. 효능 · 효과(제2조제4호 및 제5호에 따른 효능 · 효과의 경우 자외선차단지수의 측정값이 마이너스 20퍼센트 이하의 범위에 있는 경우에는 같은 효능 · 효과로 본다)

다. 기준[산성도(pH)에 관한 기준은 제외한다] 및 시험방법

라. 용법 · 용량

마. 제형

② 기능성화장품으로 인정받아 판매 등을 하려는 화장품제조업자, 화장품책임판매업자 또는 연구기관등은 제1항에 따라 품목별로 별지 제10호서식의 기능성화장품 심사 제외 품목 보고서(전자문서로 된 보고서를 포함한다)를 식품의약품안전평가원장에게 제출해야 한다. 〈개정 2013. 3. 23., 2019. 3. 14.〉

③ 제2항에 따라 보고서를 받은 식품의약품안전평가원장은 제1항에 따른 요건을 확인한 후 다음 각 호의 사항을 기능성화장품의 보고대장에 적어야 한다. 〈개정 2013. 3. 23., 2019. 3. 14.〉

1. 보고번호 및 보고연월일
2. 화장품제조업자, 화장품책임판매업자 또는 연구기관등의 상호(법인인 경우에는 법인의 명칭) 및 소재지
3. 제품명
4. 효능 · 효과

제10조의2(영유아 또는 어린이 사용 화장품의 표시 · 광고) ① 법 제4조의2제1항에 따른 영유아 또는 어린이의 연령 기준은 다음 각 호의 구분에 따른다.

1. 영유아: 만 3세 이하
2. 어린이: 만 4세 이상부터 만 13세 이하까지

② 화장품책임판매업자가 법 제4조의2제1항 각 호에 따른 자료(이하 "제품별 안전성 자료"라 한다)를 작성 · 보관해야 하는 표시 · 광고의 범위는 다음 각 호의 구분에 따른다.

1. 표시의 경우: 화장품의 1차 포장 또는 2차 포장에 영유아 또는 어린이가 사용할 수 있는 화장품임을 특정하여 표시하는 경우(화장품의 명칭에 영유아 또는 어린이에 관한 표현이 표시되는 경우를 포함한다)

2. 광고의 경우: 별표 5 제1호가목부터 바목까지(어린이 사용 화장품의 경우에는 바목을 제외한다)의 규정에 따른 매체 · 수단 또는 해당 매체 · 수단과 유사하다고 식품의약품안전처장이 정하여 고시하는 매체 · 수단에 영유아 또는 어린이가 사용할 수 있는 화장품임을 특정하여 광고하는 경우

[본조신설 2020. 1. 22.]

제10조의3(제품별 안전성 자료의 작성 · 보관) ① 법 제4조의2제1항 및 이 규칙 제10조의2제2항에 따라 화장품의 표시 · 광고를 하려는 화장품책임판매업자는 법 제4조의2제1항제1호부터 제3호까지의 규정에 따른 제품별 안전성 자료 모두를 미리 작성해야 한다.

② 제품별 안전성 자료의 보관기간은 다음 각 호의 구분에 따른다.

1. 화장품의 1차 포장에 사용기한을 표시하는 경우: 영유아 또는 어린이가 사용할 수 있는 화장품임을 표시 · 광고한 날부터 마지막으로 제조 · 수입된 제품의 사용기한 만료일 이후 1년까지의 기간. 이 경우 제조는 화장품의 제조번호에 따른 제조일자를 기준으로 하며, 수입은 통관일자를 기준으로 한다.
2. 화장품의 1차 포장에 개봉 후 사용기간을 표시하는 경우: 영유아 또는 어린이가 사용할 수 있는 화장품임을 표시 · 광고한 날부터 마지막으로 제조 · 수입된 제품의 제조연월일 이후 3년까지의 기간. 이 경우 제조는 화장품의 제조번호에 따른 제조일자를 기준으로 하며, 수입은 통관일자를 기준으로 한다.

③ 제1항 및 제2항에서 규정한 사항 외에 제품별 안전성 자료의 작성 · 보관의 방법 및 절차 등에 필요한 세부 사항은 식품의약품안전처장이 정하여 고시한다.

[본조신설 2020. 1. 22.]

제10조의4(실태조사의 실시) ① 식품의약품안전처장은 법 제4조의2제2항에 따른 실태조사(이하 "실태조사"라 한다)를 5년마다 실시한다.

② 실태조사에는 다음 각 호의 사항이 포함되어야 한다.

1. 제품별 안전성 자료의 작성 및 보관 현황
2. 소비자의 사용실태
3. 사용 후 이상사례의 현황 및 조치 결과
4. 영유아 또는 어린이 사용 화장품에 대한 표시 · 광고의 현황 및 추세
5. 영유아 또는 어린이 사용 화장품의 유통 현황 및 추세
6. 그 밖에 제1호부터 제5호까지의 사항과 유사한 것으로서 식품의약품안전처장이 필요하다고 인정하는 사항

③ 식품의약품안전처장은 실태조사를 위해 필요하다고 인정하는 경우에는 관계 행정기관, 공공기관, 법인 · 단체 또는 전문가 등에게 필요한 의견 또는 자료의 제출 등을 요청할

수 있다.

④ 식품의약품안전처장은 실태조사의 효율적 실시를 위해 필요하다고 인정하는 경우에는 화장품 관련 연구기관 또는 법인 · 단체 등에 실태조사를 의뢰하여 실시할 수 있다.

⑤ 제1항부터 제4항까지에서 규정한 사항 외에 실태조사의 대상, 방법 및 절차 등에 필요한 세부 사항은 식품의약품안전처장이 정한다.

[본조신설 2020. 1. 22.]

제10조의5(위해요소 저감화계획의 수립) ① 법 제4조의2제2항에 따른 위해요소의 저감화를 위한 계획(이하 "위해요소 저감화계획"이라 한다)에는 다음 각 호의 사항이 포함되어야 한다.

1. 위해요소 저감화를 위한 기본 방향과 목표
2. 위해요소 저감화를 위한 단기별 및 중장기별 추진 정책
3. 위해요소 저감화 추진을 위한 환경 여건 및 관련 정책의 평가
4. 위해요소 저감화 추진을 위한 조직 및 재원 등에 관한 사항
5. 그 밖에 제1호부터 제4호까지의 사항과 유사한 것으로서 위해요소 저감화를 위해 식품의약품안전처장이 필요하다고 인정하는 사항

② 식품의약품안전처장은 위해요소 저감화계획을 수립하는 경우에는 실태조사에 대한 분석 및 평가 결과를 반영해야 한다.

③ 식품의약품안전처장은 위해요소 저감화계획의 수립을 위해 필요하다고 인정하는 경우에는 관계 행정기관, 공공기관, 법인 · 단체 또는 전문가 등에게 필요한 의견 또는 자료의 제출 등을 요청할 수 있다.

④ 식품의약품안전처장은 위해요소 저감화계획을 수립한 경우에는 그 내용을 식품의약품안전처 인터넷 홈페이지에 공개해야 한다.

⑤ 제1항부터 제4항까지에서 규정한 사항 외에 위해요소 저감화계획의 수립 대상, 방법 및 절차 등에 필요한 세부 사항은 식품의약품안전처장이 정한다.

[본조신설 2020. 1. 22.]

제11조(화장품제조업자의 준수사항 등) ① 법 제5조제1항에 따라 화장품 제조업자가 준수하여야 할 사항은 다음 각 호와 같다. 〈개정 2019. 3. 14.〉

1. 별표 1의 품질관리기준에 따른 화장품책임판매업자의 지도 · 감독 및 요청에 따를 것
2. 제조관리기준서 · 제품표준서 · 제조관리기록서 및 품질관리기록서(전자문서 형식을 포함한다)를 작성 · 보관할 것
3. 보건위생상 위해(危害)가 없도록 제조소, 시설 및 기구를 위생적으로 관리하고 오염되지 아니하도록 할 것
4. 화장품의 제조에 필요한 시설 및 기구에 대하여 정기적으로 점검하여 작업에 지장이 없

도록 관리 · 유지할 것

5. 작업소에는 위해가 발생할 염려가 있는 물건을 두어서는 아니 되며, 작업소에서 국민보건 및 환경에 유해한 물질이 유출되거나 방출되지 아니하도록 할 것
6. 제2호의 사항 중 품질관리를 위하여 필요한 사항을 화장품책임판매업자에게 제출할 것. 다만, 다음 각 목의 어느 하나에 해당하는 경우 제출하지 아니할 수 있다.
   가. 화장품제조업자와 화장품책임판매업자가 동일한 경우
   나. 화장품제조업자가 제품을 설계 · 개발 · 생산하는 방식으로 제조하는 경우로서 품질 · 안전관리에 영향이 없는 범위에서 화장품제조업자와 화장품책임판매업자 상호 계약에 따라 영업비밀에 해당하는 경우
7. 원료 및 자재의 입고부터 완제품의 출고에 이르기까지 필요한 시험 · 검사 또는 검정을 할 것
8. 제조 또는 품질검사를 위탁하는 경우 제조 또는 품질검사가 적절하게 이루어지고 있는지 수탁자에 대한 관리 · 감독을 철저히 하고, 제조 및 품질관리에 관한 기록을 받아 유지 · 관리할 것

② 식품의약품안전처장은 제1항에 따른 준수사항 외에 식품의약품안전처장이 정하여 고시하는 우수화장품 제조관리기준을 준수하도록 제조업자에게 권장할 수 있다. 〈개정 2013. 3. 23.〉

③ 식품의약품안전처장은 제2항에 따라 우수화장품 제조관리기준을 준수하는 제조업자에게 다음 각 호의 사항을 지원할 수 있다. 〈신설 2014. 9. 24.〉

1. 우수화장품 제조관리기준 적용에 관한 전문적 기술과 교육
2. 우수화장품 제조관리기준 적용을 위한 자문
3. 우수화장품 제조관리기준 적용을 위한 시설 · 설비 등 개수 · 보수

[제목개정 2019. 3. 14.]

[제12조에서 이동, 종전 제11조는 제12조로 이동 〈2020. 3. 13.〉]

제12조(화장품책임판매업자의 준수사항) 법 제5조제2항에 따라 화장품책임판매업자가 준수해야 할 사항은 다음 각 호(영 제2조제2호라목의 화장품책임판매업을 등록한 자는 제1호, 제2호, 제4호가목 · 다목 · 사목 · 차목 및 제10호만 해당한다)와 같다. 〈개정 2013. 3. 23., 2013. 12. 6., 2015. 4. 2., 2019. 3. 14., 2020. 3. 13.〉

1. 별표 1의 품질관리기준을 준수할 것
2. 별표 2의 책임판매 후 안전관리기준을 준수할 것
3. 제조업자로부터 받은 제품표준서 및 품질관리기록서(전자문서 형식을 포함한다)를 보관할 것

4. 수입한 화장품에 대하여 다음 각 목의 사항을 적거나 또는 첨부한 수입관리기록서를 작성 · 보관할 것
   가. 제품명 또는 국내에서 판매하려는 명칭
   나. 원료성분의 규격 및 함량
   다. 제조국, 제조회사명 및 제조회사의 소재지
   라. 기능성화장품심사결과통지서 사본
   마. 제조 및 판매증명서. 다만, 「대외무역법」 제12조제2항에 따른 통합 공고상의 수출입 요건 확인기관에서 제조 및 판매증명서를 갖춘 화장품책임판매업자가 수입한 화장품과 같다는 것을 확인받고, 제6조제2항제2호가목, 다목 또는 라목의 기관으로부터 화장품책임판매업자가 정한 품질관리기준에 따른 검사를 받아 그 시험성적서를 갖추어 둔 경우에는 이를 생략할 수 있다.
   바. 한글로 작성된 제품설명서 견본
   사. 최초 수입연월일(통관연월일을 말한다. 이하 이 호에서 같다)
   아. 제조번호별 수입연월일 및 수입량
   자. 제조번호별 품질검사 연월일 및 결과
   차. 판매처, 판매연월일 및 판매량
5. 제조번호별로 품질검사를 철저히 한 후 유통시킬 것. 다만, 화장품제조업자와 화장품책임판매업자가 같은 경우 또는 제6조제2항제2호 각 목의 어느 하나에 해당하는 기관 등에 품질검사를 위탁하여 제조번호별 품질검사결과가 있는 경우에는 품질검사를 하지 아니할 수 있다.
6. 화장품의 제조를 위탁하거나 제6조제2항제2호나목에 따른 제조업자에게 품질검사를 위탁하는 경우 제조 또는 품질검사가 적절하게 이루어지고 있는지 수탁자에 대한 관리 · 감독을 철저히 하여야 하며, 제조 및 품질관리에 관한 기록을 받아 유지 · 관리하고, 그 최종 제품의 품질관리를 철저히 할 것
7. 제5호에도 불구하고 영 제2조제2호다목의 화장품책임판매업을 등록한 자는 제조국 제조회사의 품질관리기준이 국가 간 상호 인증되었거나, 제11조제2항에 따라 식품의약품안전처장이 고시하는 우수화장품 제조관리기준과 같은 수준 이상이라고 인정되는 경우에는 국내에서의 품질검사를 하지 아니할 수 있다. 이 경우 제조국 제조회사의 품질검사 시험성적서는 품질관리기록서를 갈음한다.
8. 제7호에 따라 영 제2조제2호다목의 화장품책임판매업을 등록한 자가 수입화장품에 대한 품질검사를 하지 아니하려는 경우에는 식품의약품안전처장이 정하는 바에 따라 식품의약품안전처장에게 수입화장품의 제조업자에 대한 현지실사를 신청하여야 한다. 현지

실사에 필요한 신청절차, 제출서류 및 평가방법 등에 대하여는 식품의약품안전처장이 정하여 고시한다.

8의2. 제7호에 따른 인정을 받은 수입 화장품 제조회사의 품질관리기준이 제11조제2항에 따른 우수화장품 제조관리기준과 같은 수준 이상이라고 인정되지 아니하여 제7호에 따른 인정이 취소된 경우에는 제5호 본문에 따른 품질검사를 하여야 한다. 이 경우 인정 취소와 관련하여 필요한 세부적인 사항은 식품의약품안전처장이 정하여 고시한다.

9. 영 제2조제2호다목의 화장품책임판매업을 등록한 자의 경우 「대외무역법」에 따른 수출 · 수입요령을 준수하여야 하며, 「전자무역 촉진에 관한 법률」에 따른 전자무역문서로 표준통관예정보고를 할 것

10. 제품과 관련하여 국민보건에 직접 영향을 미칠 수 있는 안전성 · 유효성에 관한 새로운 자료, 정보사항(화장품 사용에 의한 부작용 발생사례를 포함한다) 등을 알게 되었을 때에는 식품의약품안전처장이 정하여 고시하는 바에 따라 보고하고, 필요한 안전대책을 마련할 것

11. 다음 각 목의 어느 하나에 해당하는 성분을 0.5퍼센트 이상 함유하는 제품의 경우에는 해당 품목의 안정성시험 자료를 최종 제조된 제품의 사용기한이 만료되는 날부터 1년간 보존할 것

가. 레티놀(비타민A) 및 그 유도체

나. 아스코빅애시드(비타민C) 및 그 유도체

다. 토코페롤(비타민E)

라. 과산화화합물

마. 효소

[제목개정 2019. 3. 14.]

[제11조에서 이동, 종전 제12조는 제11조로 이동 〈2020. 3. 13.〉]

제12조의2(맞춤형화장품판매업자의 준수사항) 법 제5조제4항에 따라 맞춤형화장품판매업자가 준수해야 할 사항은 다음 각 호와 같다. 〈개정 2022. 2. 18.〉

1. 맞춤형화장품 판매장 시설 · 기구를 정기적으로 점검하여 보건위생상 위해가 없도록 관리할 것

2. 다음 각 목의 혼합 · 소분 안전관리기준을 준수할 것

가. 혼합 · 소분 전에 혼합 · 소분에 사용되는 내용물 또는 원료에 대한 품질성적서를 확인할 것

나. 혼합 · 소분 전에 손을 소독하거나 세정할 것. 다만, 혼합 · 소분 시 일회용 장갑을 착용하는 경우에는 그렇지 않다.

다. 혼합 · 소분 전에 혼합 · 소분된 제품을 담을 포장용기의 오염 여부를 확인할 것

라. 혼합 · 소분에 사용되는 장비 또는 기구 등은 사용 전에 그 위생 상태를 점검하고, 사용 후에는 오염이 없도록 세척할 것

마. 그 밖에 가목부터 라목까지의 사항과 유사한 것으로서 혼합 · 소분의 안전을 위해 식품의약품안전처장이 정하여 고시하는 사항을 준수할 것

3. 다음 각 목의 사항이 포함된 맞춤형화장품 판매내역서(전자문서로 된 판매내역서를 포함한다)를 작성 · 보관할 것

가. 제조번호

나. 사용기한 또는 개봉 후 사용기간

다. 판매일자 및 판매량

4. 맞춤형화장품 판매 시 다음 각 목의 사항을 소비자에게 설명할 것

가. 혼합 · 소분에 사용된 내용물 · 원료의 내용 및 특성

나. 맞춤형화장품 사용 시의 주의사항

5. 맞춤형화장품 사용과 관련된 부작용 발생사례에 대해서는 식품의약품안전처장이 정하여 고시하는 바에 따라 식품의약품안전처장에게 보고할 것

[본조신설 2020. 3. 13.]

제13조(화장품의 생산실적 등 보고) ① 법 제5조제5항 전단에 따라 화장품책임판매업자는 지난해의 생산실적 또는 수입실적을 매년 2월 말까지 식품의약품안전처장이 정하여 고시하는 바에 따라 대한화장품협회 등 법 제17조에 따라 설립된 화장품업 단체(「약사법」 제67조에 따라 조직된 약업단체를 포함한다)를 통하여 식품의약품안전처장에게 보고해야 한다. 〈개정 2013. 3. 23., 2018. 12. 31., 2019. 3. 14., 2020. 3. 13., 2022. 2. 18.〉

② 법 제5조제5항 후단에 따라 화장품책임판매업자는 화장품의 제조과정에 사용된 원료의 목록을 화장품의 유통 · 판매 전까지 보고해야 한다. 보고한 목록이 변경된 경우에도 또한 같다. 〈신설 2019. 3. 14., 2022. 2. 18.〉

③ 제1항 및 제2항에도 불구하고 「전자무역 촉진에 관한 법률」에 따라 전자무역문서로 표준통관예정보고를 하고 수입하는 화장품책임판매업자는 제1항 및 제2항에 따라 수입실적 및 원료의 목록을 보고하지 아니할 수 있다. 〈개정 2019. 3. 14.〉

④ 법 제5조제6항에 따라 맞춤형화장품판매업자는 전년도에 판매한 맞춤형화장품에 사용된 원료의 목록을 매년 2월 말까지 식품의약품안전처장이 정하여 고시하는 바에 따라 법 제17조에 따라 설립된 화장품업 단체를 통하여 식품의약품안전처장에게 보고해야 한다. 〈신설 2022. 2. 18.〉

제14조(책임판매관리자 등의 교육) ① 책임판매관리자 및 맞춤형화장품조제관리사는 법 제5조

제7항에 따른 교육을 다음 각 호의 구분에 따라 받아야 한다. 〈신설 2021. 5. 14., 2022. 2. 18.〉

1. 최초 교육: 종사한 날부터 6개월 이내. 다만, 자격시험에 합격한 날이 종사한 날 이전 1년 이내이면 최초 교육을 받은 것으로 본다.
2. 보수 교육: 제1호에 따라 교육을 받은 날을 기준으로 매년 1회. 다만, 제1호 단서에 해당하는 경우에는 자격시험에 합격한 날부터 1년이 되는 날을 기준으로 매년 1회

② 법 제5조제8항에 따른 교육명령의 대상은 다음 각 호의 어느 하나에 해당하는 화장품제조업자, 화장품책임판매업자 및 맞춤형화장품판매업자(이하 "영업자"라 한다)로 한다. 〈개정 2016. 9. 9., 2019. 3. 14., 2020. 3. 13., 2021. 5. 14., 2022. 2. 18.〉

1. 법 제15조를 위반한 영업자
2. 법 제19조에 따른 시정명령을 받은 영업자
3. 제11조제1항의 준수사항을 위반한 화장품제조업자
4. 제12조의 준수사항을 위반한 화장품책임판매업자
5. 제12조의2의 준수사항을 위반한 맞춤형화장품판매업자

③ 식품의약품안전처장은 제2항에 따른 교육명령 대상자가 천재지변, 질병, 임신, 출산, 사고 및 출장 등의 사유로 교육을 받을 수 없는 경우에는 해당 교육을 유예할 수 있다. 〈개정 2021. 5. 14.〉

④ 제3항에 따라 교육의 유예를 받으려는 사람은 식품의약품안전처장이 정하는 교육유예신청서에 이를 입증하는 서류를 첨부하여 지방식품의약품안전청장에게 제출하여야 한다. 〈개정 2021. 5. 14.〉

⑤ 지방식품의약품안전청장은 제4항에 따라 제출된 교육유예신청서를 검토하여 식품의약품안전처장이 정하는 교육유예확인서를 발급하여야 한다. 〈개정 2021. 5. 14.〉

⑥ 법 제5조제9항에서 "총리령으로 정하는 자"는 다음 각 호의 어느 하나에 해당하는 자를 말한다. 〈신설 2016. 9. 9., 2019. 3. 14., 2020. 3. 13., 2021. 5. 14., 2022. 2. 18.〉

1. 책임판매관리자

1의2. 맞춤형화장품조제관리사

2. 별표 1의 품질관리기준에 따라 품질관리 업무에 종사하는 종업원

⑦ 법 제5조제10항에 따른 교육의 실시기관(이하 이 조에서 "교육실시기관" 이라 한다)은 화장품과 관련된 기관 · 단체 및 법 제17조에 따라 설립된 단체 중에서 식품의약품안전처장이 지정하여 고시한다. 〈개정 2016. 9. 9., 2019. 3. 14., 2021. 5. 14., 2022. 2. 18.〉

⑧ 교육실시기관은 매년 교육의 대상, 내용 및 시간을 포함한 교육계획을 수립하여 교육을 시행할 해의 전년도 11월 30일까지 식품의약품안전처장에게 제출하여야 한다. 〈개정 2016. 9. 9., 2021. 5. 14.〉

⑨ 제8항에 따른 교육시간은 4시간 이상, 8시간 이하로 한다. 〈개정 2016. 9. 9., 2021. 5. 14.〉

⑩ 제8항에 따른 교육 내용은 화장품 관련 법령 및 제도에 관한 사항, 화장품의 안전성 확보 및 품질관리에 관한 사항 등으로 하며, 교육 내용에 관한 세부 사항은 식품의약품안전처장의 승인을 받아야 한다. 〈개정 2016. 9. 9., 2021. 5. 14.〉

⑪ 교육실시기관은 교육을 수료한 사람에게 수료증을 발급하고 매년 1월 31일까지 전년도 교육 실적을 식품의약품안전처장에게 보고하며, 교육 실시기간, 교육대상자 명부, 교육 내용 등 교육에 관한 기록을 작성하여 이를 증명할 수 있는 자료와 함께 2년간 보관하여야 한다. 〈개정 2016. 9. 9., 2021. 5. 14.〉

⑫ 교육실시기관은 교재비 · 실습비 및 강사 수당 등 교육에 필요한 실비를 교육대상자로부터 징수할 수 있다. 〈개정 2016. 9. 9., 2021. 5. 14.〉

⑬ 제1항부터 제12항까지에서 규정한 사항 외에 교육실시기관 지정의 기준 · 절차 · 변경 및 교육 운영 등에 필요한 세부 사항은 식품의약품안전처장이 정하여 고시한다. 〈개정 2016. 9. 9., 2021. 5. 14.〉

[전문개정 2015. 1. 6.]

[제목개정 2021. 5. 14.]

제14조의2(회수 대상 화장품의 기준 및 위해성 등급 등) ① 법 제5조의2제1항에 따른 회수 대상 화장품(이하 "회수대상화장품"이라 한다)은 유통 중인 화장품으로서 다음 각 호의 어느 하나에 해당하는 화장품으로 한다. 〈개정 2019. 3. 14., 2019. 12. 12., 2020. 1. 22., 2020. 3. 13., 2022. 2. 18.〉

1. 법 제9조에 위반되는 화장품
2. 법 제15조에 위반되는 화장품으로서 다음 각 목의 어느 하나에 해당하는 화장품
   가. 법 제15조제2호 또는 제3호에 해당하는 화장품
   나. 법 제15조제4호에 해당하는 화장품 중 보건위생상 위해를 발생할 우려가 있는 화장품
   다. 법 제15조제5호에 해당하는 화장품 중 다음의 어느 하나에 해당하는 화장품
      1) 법 제8조제1항 또는 제2항에 따른 화장품에 사용할 수 없는 원료를 사용한 화장품
      2) 법 제8조제8항에 따른 유통화장품 안전관리 기준(내용량의 기준에 관한 부분은 제외한다)에 적합하지 아니한 화장품
   라. 법 제15조제9호에 해당하는 화장품
   마. 법 제15조제10호에 해당하는 화장품
   바. 그 밖에 영업자 스스로 국민보건에 위해를 끼칠 우려가 있어 회수가 필요하다고 판단한 화장품
3. 법 제16조제1항에 위반되는 화장품

② 법 제5조의2제4항에 따른 회수대상화장품의 위해성 등급은 그 위해성이 높은 순서에 따라 가등급, 나등급 및 다등급으로 구분하며, 해당 위해성 등급의 분류기준은 다음 각 호의 구분에 따른다. 〈신설 2019. 12. 12., 2022. 2. 18.〉

1. 위해성 등급이 가등급인 화장품: 제1항제2호다목1)에 해당하는 화장품
2. 위해성 등급이 나등급인 화장품: 제1항제1호 또는 같은 항 제2호다목2)(기능성화장품의 기능성을 나타나게 하는 주원료 함량이 기준치에 부적합한 경우는 제외한다) · 마목에 해당하는 화장품
3. 위해성 등급이 다등급인 화장품: 제1항제2호가목 · 나목 · 다목2)(기능성화장품의 기능성을 나타나게 하는 주원료 함량이 기준치에 부적합한 경우만 해당한다) · 라목 · 바목 또는 같은 항 제3호에 해당하는 화장품

[본조신설 2015. 7. 29.]

[제목개정 2019. 12. 12.]

제14조의3(위해화장품의 회수계획 및 회수절차 등) ① 법 제5조의2제1항에 따라 화장품을 회수하거나 회수하는 데에 필요한 조치를 하려는 영업자(이하 "회수의무자"라 한다)는 해당 화장품에 대하여 즉시 판매중지 등의 필요한 조치를 하여야 하고, 회수대상화장품이라는 사실을 안 날부터 5일 이내에 별지 제10호의2서식의 회수계획서에 다음 각 호의 서류를 첨부하여 지방식품의약품안전청장에게 제출하여야 한다. 다만, 제출기한까지 회수계획서의 제출이 곤란하다고 판단되는 경우에는 지방식품의약품안전청장에게 그 사유를 밝히고 제출기한 연장을 요청하여야 한다. 〈개정 2019. 3. 14., 2020. 3. 13.〉

1. 해당 품목의 제조 · 수입기록서 사본
2. 판매처별 판매량 · 판매일 등의 기록
3. 회수 사유를 적은 서류

② 회수의무자가 제1항 본문에 따라 회수계획서를 제출하는 경우에는 다음 각 호의 구분에 따른 범위에서 회수 기간을 기재해야 한다. 다만, 회수 기간 이내에 회수하기가 곤란하다고 판단되는 경우에는 지방식품의약품안전청장에게 그 사유를 밝히고 회수 기간 연장을 요청할 수 있다. 〈신설 2019. 12. 12.〉

1. 위해성 등급이 가등급인 화장품: 회수를 시작한 날부터 15일 이내
2. 위해성 등급이 나등급 또는 다등급인 화장품: 회수를 시작한 날부터 30일 이내

③ 지방식품의약품안전청장은 제1항에 따라 제출된 회수계획이 미흡하다고 판단되는 경우에는 해당 회수의무자에게 그 회수계획의 보완을 명할 수 있다. 〈개정 2019. 12. 12.〉

④ 회수의무자는 회수대상화장품의 판매자(법 제11조제1항에 따른 판매자를 말한다), 그 밖에 해당 화장품을 업무상 취급하는 자에게 방문, 우편, 전화, 전보, 전자우편, 팩스 또

는 언론매체를 통한 공고 등을 통하여 회수계획을 통보하여야 하며, 통보 사실을 입증할 수 있는 자료를 회수종료일부터 2년간 보관하여야 한다. 〈개정 2019. 12. 12.〉

⑤ 제4항에 따라 회수계획을 통보받은 자는 회수대상화장품을 회수의무자에게 반품하고, 별지 제10호의3서식의 회수확인서를 작성하여 회수의무자에게 송부하여야 한다. 〈개정 2019. 12. 12.〉

⑥ 회수의무자는 회수한 화장품을 폐기하려는 경우에는 별지 제10호의4서식의 폐기신청서에 다음 각 호의 서류를 첨부하여 지방식품의약품안전청장에게 제출하고, 관계 공무원의 참관 하에 환경 관련 법령에서 정하는 바에 따라 폐기하여야 한다. 〈개정 2019. 12. 12.〉

1. 별지 제10호의2서식의 회수계획서 사본
2. 별지 제10호의3서식의 회수확인서 사본

⑦ 제6항에 따라 폐기를 한 회수의무자는 별지 제10호의5서식의 폐기확인서를 작성하여 2년간 보관하여야 한다. 〈개정 2019. 12. 12.〉

⑧ 회수의무자는 회수대상화장품의 회수를 완료한 경우에는 별지 제10호의6서식의 회수종료신고서에 다음 각 호의 서류를 첨부하여 지방식품의약품안전청장에게 제출하여야 한다. 〈개정 2019. 12. 12.〉

1. 별지 제10호의3서식의 회수확인서 사본
2. 별지 제10호의5서식의 폐기확인서 사본(폐기한 경우에만 해당한다)
3. 별지 제10호의7서식의 평가보고서 사본

⑨ 지방식품의약품안전청장은 제8항에 따라 회수종료신고서를 받으면 다음 각 호에서 정하는 바에 따라 조치하여야 한다. 〈개정 2019. 12. 12.〉

1. 회수계획서에 따라 회수대상화장품의 회수를 적절하게 이행하였다고 판단되는 경우에는 회수가 종료되었음을 확인하고 회수의무자에게 이를 서면으로 통보할 것
2. 회수가 효과적으로 이루어지지 아니하였다고 판단되는 경우에는 회수의무자에게 회수에 필요한 추가 조치를 명할 것

[본조신설 2015. 7. 29.]

제14조의4(행정처분의 감경 또는 면제) 법 제5조의2제3항에 따라 법 제24조에 따른 행정처분을 감경 또는 면제하는 경우 그 기준은 다음 각 호의 구분에 따른다.

1. 법 제5조의2제2항의 회수계획에 따른 회수계획량(이하 이 조에서 "회수계획량"이라 한다)의 5분의 4 이상을 회수한 경우: 그 위반행위에 대한 행정처분을 면제
2. 회수계획량 중 일부를 회수한 경우: 다음 각 목의 어느 하나에 해당하는 기준에 따라 행정처분을 경감
   가. 회수계획량의 3분의 1 이상을 회수한 경우(제1호의 경우는 제외한다)

1) 법 제24조제2항에 따른 행정처분의 기준(이하 이 호에서 "행정처분기준"이라 한다) 이 등록취소인 경우에는 업무정지 2개월 이상 6개월 이하의 범위에서 처분

2) 행정처분기준이 업무정지 또는 품목의 제조 · 수입 · 판매 업무정지인 경우에는 정지처분기간의 3분의 2 이하의 범위에서 경감

나. 회수계획량의 4분의 1 이상 3분의 1 미만을 회수한 경우

1) 행정처분기준이 등록취소인 경우에는 업무정지 3개월 이상 6개월 이하의 범위에서 처분

2) 행정처분기준이 업무정지 또는 품목의 제조 · 수입 · 판매 업무정지인 경우에는 정지처분기간의 2분의 1 이하의 범위에서 경감

[본조신설 2015. 7. 29.]

제15조(폐업 등의 신고) ① 법 제6조에 따라 영업자가 폐업 또는 휴업하거나 휴업 후 그 업을 재개하려는 경우에는 별지 제11호서식의 폐업, 휴업 또는 재개 신고서(전자문서로 된 신고서를 포함한다)에 화장품제조업 등록필증, 화장품책임판매업 등록필증 또는 맞춤형화장품판매업 신고필증(폐업 또는 휴업만 해당한다)을 첨부하여 지방식품의약품안전청장에게 제출해야 한다. 〈개정 2019. 12. 12., 2020. 3. 13.〉

② 제1항에 따라 폐업 또는 휴업신고를 하려는 자가 「부가가치세법」 제8조제7항에 따른 폐업 또는 휴업신고를 같이 하려는 경우에는 제1항에 따른 폐업 · 휴업신고서와 「부가가치세법 시행규칙」 별지 제9호서식의 신고서를 함께 제출해야 한다. 이 경우 지방식품의약품안전청장은 함께 제출받은 신고서를 지체 없이 관할 세무서장에게 송부(정보통신망을 이용한 송부를 포함한다. 이하 이 조에서 같다)해야 한다. 〈신설 2018. 12. 31., 2020. 3. 13.〉

③ 관할 세무서장은 「부가가치세법 시행령」 제13조제5항에 따라 제1항에 따른 폐업 · 휴업 신고서를 함께 제출받은 경우 이를 지체 없이 지방식품의약품안전청장에게 송부해야 한다. 〈신설 2018. 12. 31.〉

[전문개정 2019. 12. 12.]

제16조 삭제 〈2019. 3. 14.〉

제17조(화장품 원료 등의 위해평가) ① 법 제8조제3항에 따른 위해평가는 다음 각 호의 확인 · 결정 · 평가 등의 과정을 거쳐 실시한다.

1. 위해요소의 인체 내 독성을 확인하는 위험성 확인과정
2. 위해요소의 인체노출 허용량을 산출하는 위험성 결정과정
3. 위해요소가 인체에 노출된 양을 산출하는 노출평가과정
4. 제1호부터 제3호까지의 결과를 종합하여 인체에 미치는 위해 영향을 판단하는 위해도

결정과정

② 식품의약품안전처장은 제1항에 따른 결과를 근거로 식품의약품안전처장이 정하는 기준에 따라 위해 여부를 결정한다. 다만, 해당 화장품 원료 등에 대하여 국내외의 연구 · 검사기관에서 이미 위해평가를 실시하였거나 위해요소에 대한 과학적 시험 · 분석 자료가 있는 경우에는 그 자료를 근거로 위해 여부를 결정할 수 있다. 〈개정 2013. 3. 23.〉

③ 제1항 및 제2항에 따른 위해평가의 기준, 방법 등에 관한 세부 사항은 식품의약품안전처장이 정하여 고시한다. 〈개정 2013. 3. 23.〉

제17조의2(지정 · 고시된 원료의 사용기준의 안전성 검토) ① 법 제8조제5항에 따른 지정 · 고시된 원료의 사용기준의 안전성 검토 주기는 5년으로 한다.

② 식품의약품안전처장은 법 제8조제5항에 따라 지정 · 고시된 원료의 사용기준의 안전성을 검토할 때에는 사전에 안전성 검토 대상을 선정하여 실시해야 한다.

[본조신설 2019. 3. 14.]

제17조의3(원료의 사용기준 지정 및 변경 신청 등) ① 법 제8조제6항에 따라 화장품제조업자, 화장품책임판매업자 또는 연구기관등은 법 제8조제2항에 따라 지정 · 고시되지 않은 원료의 사용기준을 지정 · 고시하거나 지정 · 고시된 원료의 사용기준을 변경해 줄 것을 신청하려는 경우에는 별지 제13호의2서식의 원료 사용기준 지정(변경지정) 신청서(전자문서로 된 신청서를 포함한다)에 다음 각 호의 서류(전자문서를 포함한다)를 첨부하여 식품의약품안전처장에게 제출해야 한다.

1. 제출자료 전체의 요약본
2. 원료의 기원, 개발 경위, 국내 · 외 사용기준 및 사용현황 등에 관한 자료
3. 원료의 특성에 관한 자료
4. 안전성 및 유효성에 관한 자료(유효성에 관한 자료는 해당하는 경우에만 제출한다)
5. 원료의 기준 및 시험방법에 관한 시험성적서

② 식품의약품안전처장은 제1항에 따라 제출된 자료가 적합하지 않은 경우 그 내용을 구체적으로 명시하여 신청인에게 보완을 요청할 수 있다. 이 경우 신청인은 보완일부터 60일 이내에 추가 자료를 제출하거나 보완 제출기한의 연장을 요청할 수 있다.

③ 식품의약품안전처장은 신청인이 제1항의 자료를 제출한 날(제2항에 따라 자료가 보완 요청된 경우 신청인이 보완된 자료를 제출한 날)부터 180일 이내에 신청인에게 별지 제13호의3서식의 원료 사용기준 지정(변경지정) 심사 결과통지서를 보내야 한다.

④ 제1항부터 제3항까지에서 규정한 사항 외에 원료의 사용기준 지정신청 및 변경지정신청에 필요한 세부절차와 방법 등은 식품의약품안전처장이 정한다.

[본조신설 2019. 3. 14.]

제18조(안전용기 · 포장 대상 품목 및 기준) ① 법 제9조제1항에 따른 안전용기 · 포장을 사용해야 하는 품목은 다음 각 호와 같다. 다만, 일회용 제품, 용기 입구 부분이 펌프 또는 방아쇠로 작동되는 분무용기 제품, 압축 분무용기 제품(에어로졸 제품 등)은 제외한다. 〈개정 2021. 9. 10.〉

1. 아세톤을 함유하는 네일 에나멜 리무버 및 네일 폴리시 리무버
2. 어린이용 오일 등 개별포장 당 탄화수소류를 10퍼센트 이상 함유하고 운동점도가 21센티스톡스(섭씨 40도 기준) 이하인 에멀션 형태가 아닌 액체상태의 제품
3. 개별포장당 메틸 살리실레이트를 5퍼센트 이상 함유하는 액체상태의 제품

② 제1항에 따른 안전용기 · 포장은 성인이 개봉하기는 어렵지 아니하나 만 5세 미만의 어린이가 개봉하기는 어렵게 된 것이어야 한다. 이 경우 개봉하기 어려운 정도의 구체적인 기준 및 시험방법은 산업통상자원부장관이 정하여 고시하는 바에 따른다. 〈개정 2013. 3. 23.〉

제19조(화장품 포장의 기재 · 표시 등) ① 법 제10조제1항 단서에 따라 다음 각 호에 해당하는 1차 포장 또는 2차 포장에는 화장품의 명칭, 화장품책임판매업자 또는 맞춤형화장품판매업자의 상호, 가격, 제조번호와 사용기한 또는 개봉 후 사용기간(개봉 후 사용기간을 기재할 경우에는 제조연월일을 병행 표기하여야 한다)만을 기재 · 표시할 수 있다. 다만, 제2호의 포장의 경우 가격이란 견본품이나 비매품 등의 표시를 말한다. 〈개정 2016. 9. 9., 2019. 3. 14., 2020. 3. 13.〉

1. 내용량이 10밀리리터 이하 또는 10그램 이하인 화장품의 포장
2. 판매의 목적이 아닌 제품의 선택 등을 위하여 미리 소비자가 시험 · 사용하도록 제조 또는 수입된 화장품의 포장

② 법 제10조제1항제3호에 따라 기재 · 표시를 생략할 수 있는 성분이란 다음 각 호의 성분을 말한다. 〈개정 2013. 3. 23., 2020. 3. 13.〉

1. 제조과정 중에 제거되어 최종 제품에는 남아 있지 않은 성분
2. 안정화제, 보존제 등 원료 자체에 들어 있는 부수 성분으로서 그 효과가 나타나게 하는 양보다 적은 양이 들어 있는 성분
3. 내용량이 10밀리리터 초과 50밀리리터 이하 또는 중량이 10그램 초과 50그램 이하 화장품의 포장인 경우에는 다음 각 목의 성분을 제외한 성분
   가. 타르색소
   나. 금박
   다. 샴푸와 린스에 들어 있는 인산염의 종류
   라. 과일산(AHA)

마. 기능성화장품의 경우 그 효능 · 효과가 나타나게 하는 원료

바. 식품의약품안전처장이 사용 한도를 고시한 화장품의 원료

③ 법 제10조제1항제9호에 따라 화장품의 포장에 기재 · 표시하여야 하는 사용할 때의 주의사항은 별표 3과 같다.

④ 법 제10조제1항제10호에 따라 화장품의 포장에 기재 · 표시하여야 하는 사항은 다음 각 호와 같다. 다만, 맞춤형화장품의 경우에는 제1호 및 제6호를 제외한다. 〈개정 2013. 3. 23., 2017. 11. 17., 2018. 12. 31., 2019. 3. 14., 2020. 1. 22., 2020. 3. 13., 2022. 2. 18.〉

1. 식품의약품안전처장이 정하는 바코드
2. 기능성화장품의 경우 심사받거나 보고한 효능 · 효과, 용법 · 용량
3. 성분명을 제품 명칭의 일부로 사용한 경우 그 성분명과 함량(방향용 제품은 제외한다)
4. 인체 세포 · 조직 배양액이 들어있는 경우 그 함량
5. 화장품에 천연 또는 유기농으로 표시 · 광고하려는 경우에는 원료의 함량
6. 수입화장품인 경우에는 제조국의 명칭(「대외무역법」에 따른 원산지를 표시한 경우에는 제조국의 명칭을 생략할 수 있다), 제조회사명 및 그 소재지
7. 제2조제8호부터 제11호까지에 해당하는 기능성화장품의 경우에는 "질병의 예방 및 치료를 위한 의약품이 아님"이라는 문구
8. 다음 각 목의 어느 하나에 해당하는 경우 법 제8조제2항에 따라 사용기준이 지정 · 고시된 원료 중 보존제의 함량

가. 만 3세 이하의 영유아용 제품류인 경우

나. 만 4세 이상부터 만 13세 이하까지의 어린이가 사용할 수 있는 제품임을 특정하여 표시 · 광고하려는 경우

⑤ 제1항 및 제2항제3호에 따라 해당 화장품의 제조에 사용된 성분의 기재 · 표시를 생략하려는 경우에는 다음 각 호의 어느 하나에 해당하는 방법으로 생략된 성분을 확인할 수 있도록 하여야 한다.

1. 소비자가 법 제10조제1항제3호에 따른 모든 성분을 즉시 확인할 수 있도록 포장에 전화번호나 홈페이지 주소를 적을 것
2. 법 제10조제1항제3호에 따른 모든 성분이 적힌 책자 등의 인쇄물을 판매업소에 늘 갖추어 둘 것

⑥ 법 제10조제2항 각 호 외의 부분 단서에서 "고형비누 등 총리령으로 정하는 화장품"이란 화장비누를 말한다. 〈신설 2022. 2. 18.〉

⑦ 법 제10조제4항에 따른 화장품 포장의 표시기준 및 표시방법은 별표 4와 같다. 〈개정 2022. 2. 18.〉

[별표 3] 사용할 때의 주의사항(제19조제3항 관련)1. 공통사항

가. 화장품 사용 시 또는 사용 후 직사광선에 의하여 사용부위가 붉은 반점, 부어오름 또는 가려움증 등의 이상 증상이나 부작용이 있는 경우에는 전문의 등과 상담할 것

나. 상처가 있는 부위 등에는 사용을 자제할 것

다. 보관 및 취급 시 주의사항

1) 어린이의 손이 닿지 않는 곳에 보관할 것

2) 직사광선을 피해서 보관할 것

2. 그 밖에 화장품의 안전정보와 관련하여 화장품의 유형별 · 함유 성분별로 식품의약품 안전처장이 정하여 고시하는 사항

[별표 4] 화장품 포장의 표시기준 및 표시방법(제19조제7항 관련)

1. 화장품의 명칭

다른 제품과 구별할 수 있도록 표시된 것으로서 같은 화장품책임판매업자 또는 맞춤형화장품판매업자의 여러 제품에서 공통으로 사용하는 명칭을 포함한다.

2. 영업자의 상호 및 주소

가. 영업자의 주소는 등록필증 또는 신고필증에 적힌 소재지 또는 반품 · 교환 업무를 대표하는 소재지를 기재 · 표시해야 한다.

나. “화장품제조업자”, “화장품책임판매업자” 또는 “맞춤형화장품판매업자”는 각각 구분하여 기재 · 표시해야 한다. 다만, 화장품제조업자, 화장품책임판매업자 또는 맞춤형화장품판매업자가 다른 영업을 함께 영위하고 있는 경우에는 한꺼번에 기재 · 표시할 수 있다.

다. 공정별로 2개 이상의 제조소에서 생산된 화장품의 경우에는 일부 공정을 수탁한 화장품제조업자의 상호 및 주소의 기재 · 표시를 생략할 수 있다.

라. 수입화장품의 경우에는 추가로 기재 · 표시하는 제조국의 명칭, 제조회사명 및 그 소재지를 국내 “화장품제조업자”와 구분하여 기재 · 표시해야 한다.

3. 화장품 제조에 사용된 성분

가. 글자의 크기는 5포인트 이상으로 한다.

나. 화장품 제조에 사용된 함량이 많은 것부터 기재 · 표시한다. 다만, 1퍼센트 이하로 사용된 성분, 착향제 또는 착색제는 순서에 상관없이 기재 · 표시할 수 있다.

다. 혼합원료는 혼합된 개별 성분의 명칭을 기재 · 표시한다.

라. 색조 화장용 제품류, 눈 화장용 제품류, 두발염색용 제품류 또는 손발톱용 제품류에서 호수별로 착색제가 다르게 사용된 경우 '± 또는 +/−'의 표시 다음에 사용된 모든 착색제 성분을 함께 기재 · 표시할 수 있다.

마. 착향제는 "향료"로 표시할 수 있다. 다만, 착향제의 구성 성분 중 식품의약품안전처장이 정하여 고시한 알레르기 유발성분이 있는 경우에는 향료로 표시할 수 없고, 해당 성분의 명칭을 기재·표시해야 한다.

바. 산성도(pH) 조절 목적으로 사용되는 성분은 그 성분을 표시하는 대신 중화반응에 따른 생성물로 기재 · 표시할 수 있고, 비누화반응을 거치는 성분은 비누화반응에 따른 생성물로 기재 · 표시할 수 있다.

사. 법 제10조제1항제3호에 따른 성분을 기재 · 표시할 경우 영업자의 정당한 이익을 현저히 침해할 우려가 있을 때에는 영업자는 식품의약품안전처장에게 그 근거자료를 제출해야 하고, 식품의약품안전처장이 정당한 이익을 침해할 우려가 있다고 인정하는 경우에는 "기타 성분"으로 기재 · 표시할 수 있다.

4. 내용물의 용량 또는 중량

화장품의 1차 포장 또는 2차 포장의 무게가 포함되지 않은 용량 또는 중량을 기재 · 표시해야 한다. 이 경우 화장 비누(고체 형태의 세안용 비누를 말한다)의 경우에는 수분을 포함한 중량과 건조중량을 함께 기재 · 표시해야 한다.

5. 제조번호

사용기한(또는 개봉 후 사용기간)과 쉽게 구별되도록 기재 · 표시해야 하며, 개봉 후 사용기간을 표시하는 경우에는 병행 표기해야 하는 제조연월일(맞춤형화장품의 경우에는 혼합 · 소분일)도 각각 구별이 가능하도록 기재 · 표시해야 한다.

6. 사용기한 또는 개봉 후 사용기간

가. 사용기한은 "사용기한" 또는 "까지" 등의 문자와 "연월일"을 소비자가 알기 쉽도록 기재 · 표시해야 한다. 다만, "연월"로 표시하는 경우 사용기한을 넘지 않는 범위에서 기재 · 표시해야 한다.

나. 개봉 후 사용기간은 "개봉 후 사용기간"이라는 문자와 "○○월" 또는 "○○개월"을 조합하여 기재 · 표시하거나, 개봉 후 사용기간을 나타내는 심벌과 기간을 기재 · 표시할 수 있다.

(예시: 심벌과 기간 표시) 개봉 후 사용기간이 12개월 이내인 제품

7. 기능성화장품의 기재 · 표시

가. 제19조제4항제7호에 따른 문구는 법 제10조제1항제8호에 따라 기재 · 표시된 "기능성화장품" 글자 바로 아래에 "기능성화장품" 글자와 동일한 글자 크기 이상으로 기재 · 표시해야 한다.

나. 법 제10조제1항제8호에 따라 기능성화장품을 나타내는 도안은 다음과 같이 한다.

1) 표시기준(로고모형)

2) 표시방법

가) 도안의 크기는 용도 및 포장재의 크기에 따라 동일 배율로 조정한다.

나) 도안은 알아보기 쉽도록 인쇄 또는 각인 등의 방법으로 표시해야 한다.

제20조(화장품 가격의 표시) 법 제11조제1항에 따라 해당 화장품을 소비자에게 직접 판매하는 자(이하 "판매자"라 한다)는 그 제품의 포장에 판매하려는 가격을 일반 소비자가 알기 쉽도록 표시하되, 그 세부적인 표시방법은 식품의약품안전처장이 정하여 고시한다. 〈개정 2013. 3. 23.〉

제21조(기재 · 표시상의 주의사항) 법 제12조에 따른 화장품 포장의 기재 · 표시 및 화장품의 가격표시상의 준수사항은 다음 각 호와 같다.

1. 한글로 읽기 쉽도록 기재 · 표시할 것. 다만, 한자 또는 외국어를 함께 적을 수 있고, 수출용 제품 등의 경우에는 그 수출 대상국의 언어로 적을 수 있다.
2. 화장품의 성분을 표시하는 경우에는 표준화된 일반명을 사용할 것

제22조(표시 · 광고의 범위 등) 법 제13조제2항에 따른 표시 · 광고의 범위와 그 밖에 준수하여야 하는 사항은 별표 5와 같다.

[별표 5] 화장품 표시 · 광고의 범위 및 준수사항(제22조 관련)

1. 화장품 광고의 매체 또는 수단

가. 신문 · 방송 또는 잡지

나. 전단 · 팸플릿 · 견본 또는 입장권

다. 인터넷 또는 컴퓨터통신

라. 포스터 · 간판 · 네온사인 · 애드벌룬 또는 전광판

마. 비디오물 · 음반 · 서적 · 간행물 · 영화 또는 연극

바. 방문광고 또는 실연(實演)에 의한 광고

사. 자기 상품 외의 다른 상품의 포장

아. 그 밖에 가목부터 사목까지의 매체 또는 수단과 유사한 매체 또는 수단

2. 화장품 표시 · 광고 시 준수사항

가. 의약품으로 잘못 인식할 우려가 있는 내용, 제품의 명칭 및 효능 · 효과 등에 대한 표시 · 광고를 하지 말 것

나. 기능성화장품, 천연화장품 또는 유기농화장품이 아님에도 불구하고 제품의 명칭, 제조방법, 효능 · 효과 등에 관하여 기능성화장품, 천연화장품 또는 유기농화장품으로 잘못 인식할 우려가 있는 표시 · 광고를 하지 말 것

다. 의사 · 치과의사 · 한의사 · 약사 · 의료기관 또는 그 밖의 자(할랄화장품, 천연화장품 또는 유기농화장품 등을 인증 · 보증하는 기관으로서 식품의약품안전처장이 정하는 기관은 제외한다)가 이를 지정 · 공인 · 추천 · 지도 · 연구 · 개발 또는 사용하고 있다는 내용이나 이를 암시하는 등의 표시 · 광고를 하지 말 것. 다만, 법 제2조 제1호부터 제3호까지의 정의에 부합되는 인체 적용시험 결과가 관련 학회 발표 등을 통하여 공인된 경우에는 그 범위에서 관련 문헌을 인용할 수 있으며, 이 경우 인용한 문헌의 본래 뜻을 정확히 전달하여야 하고, 연구자 성명 · 문헌명과 발표연월일을 분명히 밝혀야 한다.

라. 외국제품을 국내제품으로 또는 국내제품을 외국제품으로 잘못 인식할 우려가 있는 표시 · 광고를 하지 말 것

마. 외국과의 기술제휴를 하지 않고 외국과의 기술제휴 등을 표현하는 표시 · 광고를 하지 말 것

바. 경쟁상품과 비교하는 표시 · 광고는 비교 대상 및 기준을 분명히 밝히고 객관적으로 확인될 수 있는 사항만을 표시 · 광고하여야 하며, 배타성을 띤 "최고" 또는 "최상" 등의 절대적 표현의 표시 · 광고를 하지 말 것

사. 사실과 다르거나 부분적으로 사실이라고 하더라도 전체적으로 보아 소비자가 잘못 인식할 우려가 있는 표시 · 광고 또는 소비자를 속이거나 소비자가 속을 우려가 있는 표시 · 광고를 하지 말 것

아. 품질 · 효능 등에 관하여 객관적으로 확인될 수 없거나 확인되지 않았는데도 불구하고 이를 광고하거나 법 제2조제1호에 따른 화장품의 범위를 벗어나는 표시 · 광고를 하지 말 것

자. 저속하거나 혐오감을 주는 표현 · 도안 · 사진 등을 이용하는 표시 · 광고를 하지 말 것

차. 국제적 멸종위기종의 가공품이 함유된 화장품임을 표현하거나 암시하는 표시 · 광고를 하지 말 것

카. 사실 유무와 관계없이 다른 제품을 비방하거나 비방한다고 의심이 되는 표시 · 광고를 하지 말 것

[별표 5의2] 천연화장품 및 유기농화장품의 인증표시(제23조의2제5항 관련)

1. 표시기준(로고모형)

가. 천연화장품

나. 유기농화장품

2. 표시방법

가. 도안의 크기는 용도 및 포장재의 크기에 따라 동일 배율로 조정할 것

나. 도안은 알아보기 쉽도록 인쇄 또는 각인 등의 방법으로 표시할 것

[별표 5의3] 인증기관의 지정기준(제23조의3제1항 관련)

1. 조직 및 인력

국제표준화기구(ISO)와 국제전기표준회의(IEC)가 정한 제품인증시스템을 운영하는 기관을 위한 요구사항(ISO/IEC Guide 17065)에 적합한 경우로서 다음 각 목의 조직 및 인력을 모두 갖춰야 한다.

가. 조직

1) 인증업무를 수행하는 상설 전담조직을 갖추고 인증기관의 운영에 필요한 재원을 확보할 것

2) 인증업무와 인증업무 외의 업무를 함께 수행하고 있는 경우 인증기관[대표, 인증업무를 담당하는 자(인증담당자) 등 소속 임직원을 포함한다]은 천연화장품 또는 유기농화장품의 제조 · 유통 · 판매나 인증, 인증을 위한 컨설팅 또는 관련 제품이나 서비스를 제공함으로써 인증업무가 불공정하게 수행될 우려가 없을 것

나. 인력

인증담당자를 2명 이상 갖출 것. 다만, 인증기관 지정 이후에는 인증업무량 등에 따라 인증담당자를 추가적으로 확보할 수 있다.

2. 시설

인증기관으로 지정받으려는 자는 다음 각 목의 시설을 갖추어야 한다.

가. 인증기관이 인증품의 계측 및 분석을 직접 수행하는 경우 다음의 어느 하나에 해당하는 시험 · 검사기관(이하 "시험 · 검사기관"이라 한다)이어야 하고, 인증품의 계측 및 분석 등에 필요한 시설을 갖추어야 한다.

1) 「국가표준기본법」 제23조에 따라 인정받은 시험 · 검사기관

2) 「식품 · 의약품분야 시험 · 검사 등에 관한 법률」 제6조에 따른 화장품 시험 · 검사기관

3) 그 밖에 1) 및 2)와 동등한 것으로 식품의약품안전처장이 인정한 시험 · 검사기관

나. 인증기관이 다른 시험 · 검사기관 등에 위탁하여 인증품의 계측 및 분석 등의 업무를 수행할 경우에는 인증품의 계측 및 분석 등에 필요한 시설을 갖추지 않을 수 있으며, 이 경우 인증기관은 인증품의 계측 및 분석을 위탁받은 기관(이하 "수탁기관"이라 한다)이 그 결과의 신뢰성과 정확성을 확보하기 위해 다음의 조치를 취해야 한다.

1) 인증기관은 수탁기관이 해당 분야의 시험 · 검사기관으로 인정 또는 지정 받았는지 여부와 그 인정 또는 지정을 유지하고 있는지를 확인하고 관련 증명자료를 비치할 것

2) 인증기관의 장은 수탁기관이 준수해야 하는 다음의 사항을 수탁기관에 통보하고 수탁기관이 성실하게 이를 준수하지 않는 경우 해당 수탁기관에 대한 위탁을 중지할 것

가) 관련 규정에서 정한 절차와 방법에 따라 계측 및 분석을 실시할 것

나) 계측 및 분석 관련 해당 시료는 15일 이상 보관하고 검사결과의 원본자료(raw data)는 2년간 보관해야 하며, 인증기관의 장 또는 식품의약품안전처장의 요구가 있는 경우 제공할 것

다) 인증기관 또는 식품의약품안전처장이 수탁기관이 수행하는 검사의 절차 및 방법 등에 대한 현장 확인을 요구하는 경우 이에 협조할 것

라) 시험 · 검사기관의 업무정지, 지정취소 시 인증기관에 통지할 것

3) 인증기관의 장은 수탁기관이 검사 관련 기록을 위조 · 변조하여 검사성적서를 발급하거나 검사를 하지 않고 검사성적서를 발급하는 등 검사성적서를 거짓으로 발급하는 것으로 확인되는 경우에는 지체 없이 식품의약품안전처장에게 보고하고 해당 기관에 인증품의 계측 및 분석 위탁을 중지할 것

3. 인증업무규정

인증기관으로 지정받으려는 자는 제23조의3제5항 및 다음 각 목의 사항을 적은 인증업무규정을 갖추어야 하며, 이를 준수해야 한다.

가. 인증업무 실시방법

나. 인증의 사후관리 방법

다. 인증 수수료

라. 인증담당자의 준수사항 및 인증담당자의 자체 관리 · 감독 요령

마. 인증담당자에 대한 교육계획

바. 인증의 품질을 보장할 수 있는 관리지침

사. 인증업무와 관련하여 제기된 불만 및 분쟁에 대한 처리 절차와 조치방법에 관한 사항

아. 인증 심사, 인증 결정, 인증 활동 등 인증업무를 독립적으로 수행할 수 있는 관리체계에 관한 사항

자. 모든 신청자가 인증서비스를 이용할 수 있고, 인증의 심사 · 유지 · 확대 · 취소 등의 결정에 대해 어떠한 상업적 · 재정적 압력으로부터 영향을 받지 않는다는 사항

차. 그 밖에 인증업무 수행에 필요하다고 인정하여 식품의약품안전처장이 정하는 사항

[별표 5의4] 인증기관에 대한 행정처분의 기준(제23조의3제6항 관련)

1. 일반기준

가. 위반행위가 2 이상인 경우로서 그에 해당하는 각각의 처분기준이 다른 경우에는 그 중 무거운 처분기준에 따른다. 다만, 2 이상의 처분기준이 모두 영업정지인 경

우에는 각 처분기준을 합산한 기간을 넘지 않는 범위에서 무거운 처분기준의 2분의 1 범위에서 가중할 수 있다.

나. 위반행위의 차수에 따른 행정처분기준은 최근 3년간 같은 위반행위로 행정처분을 받은 경우에 적용한다. 이 경우 기간의 계산은 같은 위반행위에 대하여 행정처분을 받은 날과 그 처분 후 다시 같은 위반행위를 하여 적발된 날을 기준으로 한다.

다. 나목에 따라 가중된 행정처분을 하는 경우 가중처분의 적용 차수는 그 위반행위 전 행정처분 차수(나목에 따른 기간 내에 행정처분이 둘 이상 있었던 경우에는 높은 차수를 말한다)의 다음 차수로 한다.

라. 처분권자는 위반행위의 동기 · 내용 및 위반의 정도 등 정상을 참작할 만한 사유가 있는 때에는 제2호의 개별기준에 정한 업무정지 기간의 2분의 1의 범위에서 경감하여 처분할 수 있다.

2. 개별기준

위반 내용	근거법령	위반차수별 행정처분기준		
		1차 위반	2차 위반	3차 이상 위반
가. 거짓이나 그 밖의 부정한 방법으로 인증기관의 지정을 받은 경우	법 제14조의5 제2항제1호	지정 취소		
나. 법 제14조의2제5항에 따른 지정기준에 적합하지 않게 된 경우	법 제14조의5 제2항제2호	업무 정지 3개월	업무 정지 6개월	지정 취소

제23조(표시 · 광고 실증의 대상 등) ①법 제14조제1항에 따른 표시 · 광고 실증의 대상은 화장품의 포장 또는 별표 5 제1호에 따른 화장품 광고의 매체 또는 수단에 의한 표시 · 광고 중 사실과 다르게 소비자를 속이거나 소비자가 잘못 인식하게 할 우려가 있어 식품의약품안전처장이 실증이 필요하다고 인정하는 표시 · 광고로 한다. 〈개정 2013. 3. 23.〉

② 법 제14조제3항에 따라 영업자 또는 판매자가 제출하여야 하는 실증자료의 범위 및 요건은 다음 각 호와 같다. 〈개정 2019. 3. 14., 2020. 3. 13.〉

1. 시험결과: 인체 적용시험 자료, 인체 외 시험 자료 또는 같은 수준 이상의 조사자료일 것
2. 조사결과: 표본설정, 질문사항, 질문방법이 그 조사의 목적이나 통계상의 방법과 일치할 것
3. 실증방법: 실증에 사용되는 시험 또는 조사의 방법은 학술적으로 널리 알려져 있거나 관련 산업 분야에서 일반적으로 인정된 방법 등으로서 과학적이고 객관적인 방법일 것

③ 법 제14조제3항에 따라 영업자 또는 판매자가 실증자료를 제출할 때에는 다음 각 호의 사항을 적고, 이를 증명할 수 있는 자료를 첨부해 식품의약품안전처장에게 제출해야 한다. 〈개정 2020. 3. 13.〉

1. 실증방법
2. 시험 · 조사기관의 명칭 및 대표자의 성명 · 주소 · 전화번호
3. 실증내용 및 실증결과
4. 실증자료 중 영업상 비밀에 해당되어 공개를 원하지 않는 경우에는 그 내용 및 사유

④ 제1항부터 제3항까지에서 규정한 사항 외에 표시 · 광고 실증에 필요한 사항은 식품의약품안전처장이 정하여 고시한다. 〈개정 2013. 3. 23.〉

제23조의2(천연화장품 및 유기농화장품의 인증 등) ① 법 제14조의2제1항에 따라 천연화장품 또는 유기농화장품으로 인증을 받으려는 화장품제조업자, 화장품책임판매업자 또는 연구기관등은 법 제14조의2제4항에 따라 지정받은 인증기관(이하 "인증기관"이라 한다)에 식품의약품안전처장이 정하여 고시하는 서류를 갖추어 인증을 신청해야 한다.

② 인증기관은 제1항에 따른 신청을 받은 경우 천연화장품 또는 유기농화장품의 인증기준에 적합한지 여부를 심사를 한 후 그 결과를 신청인에게 통지해야 한다.

③ 제1항에 따라 천연화장품 또는 유기농화장품의 인증을 받은 자(이하 "인증사업자"라 한다)는 다음 각 호의 사항이 변경된 경우 식품의약품안전처장이 정하여 고시하는 바에 따라 그 인증을 한 인증기관에 보고를 해야 한다.

1. 인증제품 명칭의 변경
2. 인증제품을 판매하는 책임판매업자의 변경

④ 법 제14조의3제2항에 따라 인증사업자가 인증의 유효기간을 연장받으려는 경우에는 유효기간 만료 90일 전까지 그 인증을 한 인증기관에 식품의약품안전처장이 정하여 고시하는 서류를 갖추어 제출해야 한다. 다만, 그 인증을 한 인증기관이 폐업, 업무정지 또는 그 밖의 부득이한 사유로 연장신청이 불가능한 경우에는 다른 인증기관에 신청할 수 있다.

⑤ 법 제14조의4제1항에서 "총리령으로 정하는 인증표시"란 별표 5의2의 표시를 말한다.

⑥ 인증기관의 장은 식품의약품안전처장의 승인을 받아 결정한 수수료를 신청인으로부터 받을 수 있다.

⑦ 제1항부터 제6항까지 규정한 사항 외에 인증신청 및 변경보고, 유효기간 연장신청 등 인증의 세부 절차와 방법 등은 식품의약품안전처장이 정하여 고시한다.

[본조신설 2019. 3. 14.]

제23조의3(천연화장품 및 유기농화장품의 인증기관의 지정 등) ① 법 제14조의2제4항에 따른 인증기관의 지정기준은 별표 5의3과 같다.

② 천연화장품 또는 유기농화장품의 인증기관으로 지정받으려는 자는 식품의약품안전처장이 정하여 고시하는 서류를 갖추어 인증기관의 지정을 신청해야 한다.

③ 식품의약품안전처장은 제1항에 따른 지정기준에 적합하여 인증기관을 지정하는 경우에는 신청인에게 인증기관 지정서를 발급해야 한다.

④ 제3항에 따라 지정된 인증기관은 다음 각 호의 사항이 변경된 경우에는 변경 사유가 발생한 날부터 30일 이내에 식품의약품안전처장이 정하여 고시하는 서류를 갖추어 변경신청을 해야 한다.

1. 인증기관의 대표자
2. 인증기관의 명칭 및 소재지
3. 인증업무의 범위

⑤ 인증기관은 업무를 적절하게 수행하기 위하여 다음 각 호의 사항을 준수해야 한다.

1. 인증신청, 인증심사 및 인증사업자에 관한 자료를 법 제14조의3제1항에 따른 인증의 유효기간이 끝난 후 2년 동안 보관할 것
2. 식품의약품안전처장의 요청이 있는 경우에는 인증기관의 사무소 및 시설에 대한 접근을 허용하거나 필요한 정보 및 자료를 제공할 것

⑥ 법 제14조의5제3항에 따른 인증기관에 대한 행정처분의 기준은 별표 5의4와 같다.

⑦ 제1항부터 제6항까지에서 규정한 사항 외에 인증기관의 지정 절차 및 준수사항 등 인증기관 운영에 필요한 세부 절차와 방법 등은 식품의약품안전처장이 정하여 고시한다.

[본조신설 2019. 3. 14.]

제24조(관계 공무원의 자격 등) ① 법 제18조제1항에 따른 화장품 검사 등에 관한 업무를 수행하는 공무원(이하 "화장품감시공무원"이라 한다)은 다음 각 호의 어느 하나에 해당하는 사람 중에서 지방식품의약품안전청장이 임명하는 사람으로 한다. 〈개정 2020. 3. 13.〉

1. 「고등교육법」 제2조에 따른 학교에서 약학 또는 화장품 관련 분야의 학사학위 이상을 취득한 사람(법령에서 이와 같은 수준 이상의 학력이 있다고 인정한 사람을 포함한다)
2. 화장품에 관한 지식 및 경력이 풍부하다고 지방식품의약품안전청장이 인정하거나 특별시장 · 광역시장 · 특별자치시장 · 도지사 · 특별자치도지사 또는 시장 · 군수 · 구청장(자치구의 구청장을 말한다)이 추천한 사람

② 법 제18조제4항에 따른 화장품감시공무원의 신분을 증명하는 증표는 별지 제14호서식에 따른다.

제25조(수거 등) 법 제18조제2항에 따라 화장품감시공무원이 물품 또는 화장품을 수거하는 경우에는 별지 제15호서식의 수거증을 피수거인에게 발급하여야 한다.

제26조(화장품 판매 모니터링) 식품의약품안전처장은 법 제18조제3항에 따라 법 제17조에 따른 단체 또는 관련 업무를 수행하는 기관 등을 지정하여 화장품의 판매, 표시 · 광고, 품질 등에 대하여 모니터링하게 할 수 있다. 〈개정 2013. 3. 23.〉

제26조의2(소비자화장품안전관리감시원의 자격 등) ① 법 제18조의2조제1항에 따라 소비자화장품안전관리감시원(이하 "소비자화장품감시원"이라 한다)으로 위촉될 수 있는 사람은 다음 각 호의 어느 하나에 해당하는 사람으로 한다.

1. 법 제17조에 따라 설립된 단체의 임직원 중 해당 단체의 장이 추천한 사람
2. 「소비자기본법」 제29조제1항에 따라 등록한 소비자단체의 임직원 중 해당 단체의 장이 추천한 사람
3. 제8조제1항 각 호의 어느 하나에 해당하는 사람
4. 식품의약품안전처장이 정하여 고시하는 교육과정을 마친 사람

② 소비자화장품감시원의 임기는 2년으로 하되, 연임할 수 있다.

③ 법 제18조의2제2항제3호에서 "총리령으로 정하는 사항"이란 다음 각 호의 사항을 말한다.

1. 법 제23조에 따른 관계 공무원의 물품 회수 · 폐기 등의 업무 지원
2. 제29조에 따른 행정처분의 이행 여부 확인 등의 업무 지원
3. 화장품의 안전사용과 관련된 홍보 등의 업무

④ 법 제18조의2제3항에 따라 식품의약품안전처장 또는 지방식품의약품안전청장은 소비자화장품감시원에 대하여 반기(半期)마다 화장품 관계법령 및 위해화장품 식별 등에 관한 교육을 실시하고, 소비자화장품감시원이 직무를 수행하기 전에 그 직무에 관한 교육을 실시하여야 한다.

⑤ 식품의약품안전처장 또는 지방식품의약품안전청장은 소비자화장품감시원의 활동을 지원하기 위하여 예산의 범위에서 수당 등을 지급할 수 있다.

⑥ 제1항부터 제5항까지에서 규정한 사항 외에 소비자화장품감시원의 운영에 필요한 사항은 식품의약품안전처장이 정하여 고시한다.

[본조신설 2019. 3. 14.]

제27조(회수 · 폐기명령 등) 법 제23조제1항부터 제3항까지의 규정에 따른 물품 회수에 필요한 위해성 등급 및 그 분류기준과 물품 회수 · 폐기의 절차 · 계획 및 사후조치 등에 관하여는 제14조의2제2항 및 제14조의3을 준용한다. 〈개정 2019. 12. 12.〉

[본조신설 2015. 7. 29.]

제28조(위해화장품의 공표) ① 법 제23조의2제1항에 따라 공표명령을 받은 영업자는 지체 없이 위해 발생사실 또는 다음 각 호의 사항을 「신문 등의 진흥에 관한 법률」 제9조제1항에

따라 등록한 전국을 보급지역으로 하는 1개 이상의 일반일간신문[당일 인쇄 · 보급되는 해당 신문의 전체 판(版)을 말한다] 및 해당 영업자의 인터넷 홈페이지에 게재하고, 식품의약품안전처의 인터넷 홈페이지에 게재를 요청하여야 한다. 다만, 제14조의2제2항제3호에 따른 위해성 등급이 다등급인 화장품의 경우에는 해당 일반일간신문에의 게재를 생략할 수 있다. 〈개정 2019. 12. 12.〉

1. 화장품을 회수한다는 내용의 표제
2. 제품명
3. 회수대상화장품의 제조번호
4. 사용기한 또는 개봉 후 사용기간(병행 표기된 제조연월일을 포함한다)
5. 회수 사유
6. 회수 방법
7. 회수하는 영업자의 명칭
8. 회수하는 영업자의 전화번호, 주소, 그 밖에 회수에 필요한 사항

② 제1항 각 호의 사항에 대한 구체적인 작성방법은 별표 6과 같다.

③ 제1항에 따라 공표를 한 영업자는 다음 각 호의 사항이 포함된 공표 결과를 지체 없이 지방식품의약품안전청장에게 통보하여야 한다.

1. 공표일
2. 공표매체
3. 공표횟수
4. 공표문 사본 또는 내용

[본조신설 2015. 7. 29.]

제29조(행정처분기준) ① 법 제24조제1항에 따른 행정처분의 기준은 별표 7과 같다.

② 삭제 〈2014. 8. 20.〉

제30조(과징금의 징수절차) 「화장품법 시행령」 제12조제1항에 따른 과징금의 징수절차는 「국고금관리법 시행규칙」을 준용한다. 이 경우 납입고지서에는 이의제기 방법 및 기간을 함께 적어 넣어야 한다.

제31조(등록필증 등의 재발급 등) ① 법 제31조에 따라 화장품제조업 등록필증, 화장품책임판매업 등록필증, 맞춤형화장품판매업 신고필증 또는 기능성화장품심사결과통지서(이하 "등록필증등"이라 한다)를 재발급받으려는 자는 별지 제18호서식 또는 별지 제19호서식의 재발급신청서(전자문서로 된 신청서를 포함한다)에 다음 각 호의 서류(전자문서를 포함한다)를 첨부하여 각각 지방식품의약품안전청장 또는 식품의약품안전평가원장에게 제출하여

야 한다. 〈개정 2013. 3. 23., 2017. 7. 31., 2019. 3. 14., 2020. 3. 13.〉

1. 등록필증등이 오염, 훼손 등으로 못쓰게 된 경우 그 등록필증등
2. 등록필증등을 잃어버린 경우에는 그 사유서

② 등록필증등을 재발급 받은 후 잃어버린 등록필증등을 찾았을 때에는 지체 없이 이를 해당 발급기관의 장에게 반납하여야 한다.

③ 법 제3조 및 제3조의2에 따른 영업자의 등록 또는 신고 등의 확인 또는 증명을 받으려는 자는 확인신청서 또는 증명신청서(각각 전자문서로 된 신청서를 포함하며, 외국어의 경우에는 번역문을 포함한다)를 식품의약품안전처장 또는 지방식품의약품안전청장에게 제출하여야 한다. 〈개정 2013. 3. 23., 2019. 3. 14., 2020. 3. 13.〉

제32조(수수료) ① 법 제32조제1항 본문에 따른 수수료의 금액은 별표 9와 같다. 〈개정 2022. 2. 18.〉

② 제1항에 따른 수수료는 현금, 현금의 납입을 증명하는 증표 또는 정보통신망을 이용한 전자화폐나 전자결제 등의 방법으로 내야 한다.

[전문개정 2020. 3. 13.]

제33조(규제의 재검토) 식품의약품안전처장은 다음 각 호의 사항에 대하여 다음 각 호의 기준일을 기준으로 3년마다(매 3년이 되는 해의 기준일과 같은 날 전까지를 말한다) 그 타당성을 검토하여 개선 등의 조치를 하여야 한다. 〈개정 2019. 3. 14., 2020. 3. 13., 2022. 2. 18.〉

1. 제3조에 따른 화장품 제조업의 등록: 2014년 1월 1일
2. 제4조에 따른 화장품책임판매업의 등록: 2019년 3월 14일
3. 제5조에 따른 화상품세조업 및 회장품책임판매업의 변경등록: 2014년 1월 1일
   가. 화장품제조업의 변경등록: 2014년 1월 1일
   나. 화장품책임판매업의 변경등록: 2019년 3월 14일
4. 제8조의2 및 제8조의3에 따른 맞춤형화장품판매업의 신고 및 변경신고: 2020년 3월 14일
5. 제29조제1항 및 별표 7에 따른 행정처분의 기준: 2022년 7월 1일

[본조신설 2014. 4. 1.]

부록 B
펩타이드 소재를 사용한 화장품

제조사	제품명
ALPCH	누보바세 뉴트리션 네츄럴 크림 누보바세 하이드레이팅 워터 에센스
AHC	프리미엄 인텐스 컨튜어 밤 셀룰로오스 마스크 멀티 펩타이드 뉴클래시 인리치드 펩타이드 토너 뉴클래시 인리치드 펩타이드 로션 뉴클래시 인리치드 펩타이드 에센스 순면 마스크 멀티 펩타이드
에이24	팔자주름 펩타이드 콤플렉스 에센스
AHK	울트라 탈모 샴푸 코퍼 펩타이드 용액 미녹시 썬 미스트
벨라	프레스티지 에이지 킬러 넥크림
DCL	펩타이드 플러스 크림 펩타이드 플러스 아이 트리트먼트 펩타이드 핸드크림
DMCK	엘릭시 플러스 앰플
ELMOLU	러브모드 크림 마스크
MYChelle	슈프림 폴리펩타이드 크림 G2 인스턴트 퍼밍 세럼

제조사	제품명
미샤	아쿠아 펩타이드 커스터마이징 토너 아쿠아 펩타이드 커스터마이징 66크림 아쿠아 펩타이드 커스터마이징 77크림 아쿠아 펩타이드 커스터마이징 88크림 아쿠아 펩타이드 커스터마이징 99크림
Pink TOX	핑크 펩타이드 올인원 에센스
VX26	멀티비타 펩타이드 세럼 멀티비타 펩타이드 모이스처라이저
W.피부연구소	스탑에이징 펩타이드 에센스 스탑에이징 펩타이드 에센스 토너 스탑에이징 펩타이드 크림
그랑셀	퍼펙트 모닝 바이오 펩타이드 크림
그레쎄	디알셀라이트 멀티 펩타이드 토너 디알셀라이트 펩타이드 크림
글로우라우디	필더마 골드 펩타이드 앰플 모델링팩
꼬달리	레스베라트롤 리프트 퍼밍 세럼
꽃을든남자	알지쓰리 볼륨 헤어 트리트먼트
끌라삐엘	펩타이드 토너-미스트형/펌핑형 저분자 펩타이드 콜라겐 크림
끌레지오	펩타이드 알란토인 더마 고팅 크림
끌림글램	루미너스 펩타이드 세럼
네이처리퍼블릭	내추럴 펩타이드 프리미엄 브이 패치[오미자&아보카노 펩타이드] 내추럴 펩타이드 2스텝 밴드 마스크[오미자 펩타이드] 내추럴 펩타이드 2스텝 밴드 마스크[아보카도 펩타이드]
노블레스	3STEP 펩타이드 바운스 마스크
누리숲	대나무숲 효모 에센스 대나무숲 효모 로션 누리촉촉 딥 수딩 크림 포레스트 리페어 크림 포레스트 리페어 스킨 포레스트 리페어 EGF 크림
뉴스킨	트루 페이스 라인 코렉터
뉴트라라이프	유스풀 화이트 크림

제조사	제품명
닥터데니스그로스	퍼밍 펩타이드 밀크 스무스 앤 실키
닥터레미듀	시카&펩타이드 워터리 크림
닥터오라클	21;STAY 마카펩타이드 앰플 EPL 리메디 솔루션 피부과 펩타이드 크림 EPL 리메디 미스트 펩타이드 진정 미스트 EPL 리메디 솔루션 리에이젠 아이디얼 펩티드 아이크림 EPL 프리미엄 메디 비비 EPL 데일리 선블록
닥터에이지	링클&스팟 멀티 코렉터
닥터자르트	펩타이딘 세럼 핑크 에너지 펩타이딘 세럼 블루 에너지
닥터코스	수퍼리프팅 코르셋 마스크 콜라겐 펩타이드 앰플
닥터파모르	시네이크 하이드로겔 골드 아이패치 시네이크 인텐시브 토너
닥터펩티	펩타이드 볼륨 에센스 펩타이드 볼륨마스크 프리미엄
닥터헤디슨	펩타이드 7 모이스춰라이징 토너 펩타이드 7 앰플 세럼 펩타이드 플루이드 펩타이드 7 인리치드 크림 펩타이드 플루이드 앰플 펩타이드 7 앰플세럼 탄력세럼 펩타이드 7 크림 탄력 강화
달바	펩타이드 노세범 마일드 젤 클린저 펩타이드 노세범 리페어 크림 펩타이드 노세범 밸런싱 토너
더마이	딥 링클 펩타이드 세럼 펩타이드 콜라겐 세럼 펩타이드 콜라겐 모이쳐라이저 딥 링클 펩타이드 데이크림
더마라인	펩타이드 5종 EGF 피부 탄력관리 저자극 고보습 바이오 리네이쳐레이션 재생크림
더마필리아	펩타이드 셀업 글로우 크림

제조사	제품명
더페이스샵	닥터벨머 시카 펩타이드 앰플
데쌍브르	엑티베이터 디에이징 마이크로 앰플 엑티베이터 EGF 화이트닝 앰플 세럼 코렉티브 감마 PGA,펩타이드 플러스
데이셀	펩타이드 영양 수면팩 펩타이드 탄력 에센스 펩타이드 탄력 크림 바이오스 리프팅 솔루션–펩타이드 주사기 크림
듀이트리	아쿠아 콜라겐 펩타이드 멀티 이펙터(70 mL/120 mL) 아쿠아 콜라겐 펩타이드 멀티 크림(50mL/80mL) 듀이트리 EGF 트리트먼트 에센셜 크림 시네이크 블랙 마스크
디바데바	파워 펩타이드 세럼 리스토어 콜라겐 인텐시파이어
디오디너리	"부페"멀티 테크놀로지 펩타이드 세럼 매트릭실 10% + HA 하이 스트렝스 펩타이드 포뮬레이션
라오메뜨	골드 펩타이드 캐비어 앰플
라키아	멀티 펩타이드 앰플
레쁘리제	안티에이징 헥사펩타이드 리프팅 세럼
레쥬베라	스네일 펩타이드 크림
로레알	링클 엑스퍼트 45+ 레티노–펩타이드 안티 링클 페이스 모이스처 라이저
루믹실	브라이트닝 크렘므 리바이탈 아이즈 토피컬 브라이트닝 크림
르네셀	멀티펩타이드 토너 앱소버 펩타이드 크림
르네휘테르	포티샤샴푸
르누베르	페이셜 펩타이드 더블류 에센스 펩타이드 아이크림
르뮤	콜라겐펩타이드 세럼
리더스	멀티 펩타 세럼 머티 펩타 크림 멀티 펩타 플루이드

제조사	제품명
리바이탈 래쉬	리바이타브로우 3.0
리본	펩타이드 아이크림
리비바랩	팔자주름 plus 멀티 펩타이드 콤플렉스
리플레닉스	AE 훼이셜 퍼밍 테라피 아이 리페어 크림
마더메이드	더 아쿠아러쉬 펩타이드 재생크림
매드히피	6 매드히피 아이크림, 페이스 크림
맥스클리닉	펩타이드 28 드롭/에센스 앰플 공스킨 24K 골드펩타이드 앰플
맥클린	프리미엄 펩타이드 볼륨 에센스 시크릿 세럼 부스터
메디앤서	콜라겐 리프트 업 밴드
메디필	펩타이드9 볼륨 에센스 펩타이드9 히알루로닉 볼류미 아이크림 펩타이드9 더블핏 비비크림 펩타이드9 유브이 더마 선크림 펩타이드 5GF 앰플 쿠션 링클 펩타이드 살브 크림 보르톡스 펩타이드 앰플
세이벨라	퍼펙트 케어 클렌징 오일 이엑스 하이드레이팅 페이셜 크렌저 리파이닝 페이셜 클렌저
미구하라	펩타이드 크림
미소지음	펩타이드 링클크림 펩타이드 화이트닝 에센스
미쉘더마슈티컬	펩타이드 + 안티-링클 세럼
미즈온	펩타이드 500
바부랩	S-펩타이드 앰플
보나쥬르	EGF 타임 리커버리 영양 크림 스무살부터 탱탱 아이크림 펩타이드 워터밤 화이트닝에멀전

제조사	제품명
본어게인뉴	어메이징 펩타이드에센스 펩타이드 앰플-멀티 펩타5
볼륨77	파이온텍 볼륨톡스 오리지널 펩타이드 에센스
뷰티다	3GF 펩타이드 마사지 크림
뷰티메드	아세틸핵사펩타이드 앰플 아세틸헥시펩타이드 앰플 아세틸핵사펩타이드 더모 액티브 크림 아세틸핵사펩타이드 필 오프 마스크
뷰티앤스토리	펩타이드 볼륨 톡톡 에센스
브에노	엠지에프 펩타이드 대용량 아이크림 안티링클 펩타이드 크림 엠지에프 펩타이드 세럼 엠지에프 펩타이드 토너 엠지에프 펩타이드 에멀전
비욘드	스트레치 컨트롤 크림
비프루프	크림 엑스퍼트 펩타이드 리프팅 크림
샹테카이	골드 에너자이징 아이크림
세러데이스킨	스킨 스무딩 로션 뷰티 에센스 모이스춰라이징 크림 퓨리파잉 클렌저
셀퓨전씨	펌 엑티브 펩타이드
스와니코코	바이오 성장인자 펩타이드 영양크림 바이오 펩타이드 화이트닝 앰플 프로폴리스 광채 에센스 바이오 펩타이드 콜라겐 앰플 바이오 성장인자 펩타이드 비비크림 바이오 펩타이드 콜라겐 에센스 바이오 성장인자 펩타이드 아이크림 바이오 펩타이드 스킨 바이오 펩타이드 로션 EGF+FGF+장벽강화9손상케어 바이오 2중 펩타이드 마스크팩
스케덤	펩타이드 리프팅 밴드

제조사	제품명
스킨메디카	TNS 에센셜 세럼 TNS 세라마이드 트리트먼트 크림 TNS 아이 리페어
스킨수티컬즈	메타셀 리뉴얼 B3
스피큘엑스	부스팅 세럼 복합펩타이드 EGF 세럼
시드물	꿀 펩타이드 수면팩 민중기 EFI 아이크림 메가펩타이드 에코하이드로 수당 크림 사카로 광채 탄력 크림 메가 펩타이드 에코 하이드로 수딩 비비크림 NEW 사카로 광채 로션 민중기 FGF 앰플 꿀 펩타이드 비누 휴먼 올리고 리페어 앰플 갈라톡사이드 리얼 펩타이드 장벽 수분크림 굴 펩타이드 미스트 불가리안 로즈 에센셜 메가펩타이드 에코 하이드로 수딩 메이크업 베이스 민중기 EGF110 리퀴드 갈라톡사이드 100
시스코코	펩타이드 올인원 볼륨에센스
시에로	퓨리페어크림 황치열 마스크팩
시크릿덤	메디 골드 24K 앰플 미백 주름 펩타이드 에센스 유러피안 펩타이드 앰플
싸이닉	펩타이드 앰플
쎄라덤	C플러스 펩타이드 크림
아미드	펩타이드 볼륨 에센스 펩타이드 골드 에센스
아베아	펩타이드 마스크팩
아오미	펩타이드 쓰리디 픽스 슈팅 버블 페이셜 에센스 펩타이드 올인원 옴므에센스
아요델	세븐 펩타이드 볼륨업 미백주름 올인원 에센스

제조사	제품명
아토러브	멀티 엑티브 리제너레이트 FACE 로션 여성용 멀티 엑티브 리제너레이트 FACE 스킨 여성용 멀티 엑티브 리제너레이트 FACE 영양크림
안달로우 내추럴스	고지 펩타이드 퍼펙팅 크림
알엔디랩	O2 펩타이드 리뉴얼 크림
앙부땅	제비집 발효 펩타이드 에센스
애플트리	콜라겐크림 저분자콜라겐 펩타이드 수분크림 보습크림
앰플엔	펩타이드샷앰플 펩타이드샷 2스텝 마스크
어바웃미	펩타이드 리프트업 크림 에센셜 펩타이드 마스크 시트
에뛰드하우스	펩타이드 버블 업 세럼 중력타파 거미줄 리프팅 마스크
에레스뚜	펩타이드 컴플렉스
에스까다	올인원 펩타이드 버블 에센스
에스테맥스	에스테맥스 516 펩타이드 바이알앰플 17 펩타이드 콤플렉스 캡슐 앰플 565펩타이드 세럼
에이플러스	링클 펩타이드 살브 크림
엔비	리바이탈 플루이드 리바이탈 세럼 리바이탈 크림
엔엠씨	수소 화산수 펩타이드 볼륨업 에센스
NDHJ	24K 골드 마스크팩
엔프라니	더마플러스 펩타이드 엠플 골드펩타이드 덤 사이언스 크림 골드펩타이드 덤 사이언스 에센스 골드펩타이드 덤 사이언스 아이트리트먼트 골드펩타이드 덤 사이언스 에멀전
엘렌실라	달팽이크림 레티놀 에센스 펩타이드 마스크팩 네츄럴 스킨 클리닉 펩타이드 스킨 퍼밍 앰플

제조사	제품명
엘리자베카	헬-포어 워터업 펩타이드 EGF 미스트 원버튼 밀키피기 롱고롱고 글로니크 골드 마스크팩 펩타이드 쓰리디 픽스 슈팅 버블 페이셜 에센스
엘타앰디	리뉴 아이젤
MDREVIS	펩타이드 아이래쉬 펩타이드 콜라겐 세럼 펩타이드 리페어 마스크 펩타이드 차콜 아이패치 펩타이드 리파이닝젤 펩타이드 비비크림 프리미엄 브라이트닝 크림 하이드레이팅 젤리 푸딩크림
오가나셀	펩타이드 헤븐 워터 펩타이드 어메이징 로션 펩타이드 트루 크림 펩타이드 토네이도 클렌저 펩타이드 미라클 앰플
오바지	젠틀 리쥬베네이션 어드밴스드 나이드 리페어 프로페셔널-C 펩타이드 콤플렉스
오바코	셀렌 34 바디 로션 베타 리게인 나토펩타이드 세럼 바오밥 오일 에코 세라마이드 플루이드 크림 레시틴 에코 세라마이드 플루이드 크림 리쥬베네이트 바이 SYN-AKE™ 세럼 슈펍 어메이징 리절트 세럼 어드밴스트 브릴리언트 리커버리 서플리 크림 엘릭서 오브 유스 페이스 스타트 토너
웰더마	지플러스 실버 펩타이드 앰플
웰스킨	스템로드 펩타이드 링클케어 시스템 에센스 스템로드 펩타이드 링클케어 시스템 크림 스템로드 펩타이드 링클케어 시스템 솔루션 펩타이드 아이크림
유한메디카	어머드 히아루론산 빈스 프라우트 크림(지복합성) 어머드 히아루론산 빈스 프라우트 크림(건성용)
이니스프리	스킨클리닉 마스크(펩타이드)-링클케어

제조사	제품명
이지함	듀얼 펩타이드 퍼밍 마스크
이초이스	올인원크림 펩타이드
인투스킨	Rx. 콜라보 펩타이드 인 프로폴리스 마스크팩
일레븐휴즈데이	펩타이드 울트라 딥 플루이드
입솜	펩타이드 아이래쉬 앰플
쟌마리니	트랜스포메이션 아이크림 에이지 인터벤션 펩타이드 익스트림
제이엠 솔루션	24K 골드 프리미엄 펩타이드 마스크 로즈 골드 리미티드 에디션 24K 골드 프리미엄 펩타이드 마스크 마린 골드 리미티드 에디션 24K 골드 프리미엄 펩타이드 올인원 마린 골드 리미티드 에디션 24K 골드 프리미엄 펩타이드 올인원 스페셜 물광 펩타이드 올인원 스페셜
참존	탑뉴스 지이 펩타이드 스킨 액티베이팅 앰플 콘트롤 크림 펩타이드 아이크림
천사연구소	비피다 발효 펩타이드 스킨 비피다 발효 펩타이드 에센스 비피다 발효 펩타이드 아이크림
카오리온	펩타이드 리커버리 넥크림 펩타이드 리커버리 에센스 펩타이드 리커버리 아이패치
킨폼	펩세라 헤어픽서
케어존	펩타이드 화이트닝 마스크
케이트서머빌	셀라벨 펩타이드 앰플
코리아나	펩타이드 세디르 턴오버 앰플크림 퀸스 콜라겐 버블톡 펩타이드 올인원 에센스
크레모랩	골든 펩타이드 리프팅 마스크
크레이지몽키	골든볼 아이셀럼 골드 펩타이드
클레르몽	센텔라 수분 진정 크림 센텔라 약산성 버블에센스
키스필	펩타이드 마린 바이탈 앰플 펩타이드 마린 바이탈 에센스 병풀 에센스 50 mL 미백앰플+주름개선+수분에센스+펩타이드

제조사	제품명
토니모리	바이오 이엑스 셀 펩타이드 에센스 바이오 이엑스 셀 펩타이드 크림 바이오 이엑스 셀 펩타이드 앰플 바이오 이엑스 셀 펩타이드 토너 바이오 이엑스 셀 펩타이드 에멀전 바이오 이엑스 셀 펩타이드 링클 퍼펙터 마스크 바이오 이엑스 셀 펩타이드 폼 클렌저
트로이아르케	셀 네어지 크림 + 펩타이드 서울 쿠션
파이진글로벌	닥터진 PSI 비타 펩타이드 파워 솔루션 앰플 볼륨 톡스 오리지널 펩타이드 에센스
폴라초이스	펩타이드 부스터 앰플
프라우드메리	펩타이드 앰플 크림 펩타이드 앰플 펩타이드 앰플 마스크
하이온	레드 펩타이드 앰플 프리미엄 레드 펩타이드 앰플 프리미엄 레드 펩타이드 마스크 레드 펩타이드 크림 레드 펩타이드 토너 레드 펩타이드 에멀젼
한스킨	씨네이크 펩타이드 리뉴얼 마스크
해쉬	리프팅앰플
Hylamide	Glow Booster SubQ Anti-Age

참고문헌

강혜진(2017), "브랜드 없이 화장품 ODM·OEM으로 미국 진출", 〈KOTRA 해외시장뉴스〉, KOTRA, 2017. 5. 2.

고은지(2003), "기능성 화장품 전성시대", LG주간경제, 2003. 4. 16.

고은지(2015), "디지털이 뷰티산업의 혁신 이끈다.", LG Business Insight, 2015. 11. 18.

고은지·자오유(2014), "중국 화장품 시장 아직 성장 초기 단계", LG Business Insight, 2014. 12. 24.

김상민(2016), "화장품 산업의 역사와 시장상황", 미래한국, 2016. 11. 10.

http://www.futurekorea.co.kr/news/articleView.html?idxno=33550

김윤희(2017), "2016 중 온라인 화장품 시장동향(1), (2)", 〈KOTRA 해외시장뉴스〉, KOTRA, 2017. 5.

박상용(2013), 〈강원도 화장품 산업 육성 방안〉, 강원발전연구원, 2013.

산업통상자원부 무역위원회(2016), 〈2016년 기초화장품 산업경쟁력 조사〉, 2016. 12.

식품의약품안전처(2017a), 〈2017년 식품의약품산업동향통계〉, 2017. 12.

식품의약품안전처(2017b), 〈2017년 식품의약품통계연보〉, 2017. 12.

유진우(2016), "5만명 화장품 방문판매원의 진화", 〈조선비즈〉, 2016. 9. 30.

http://biz.chosun.com/site/data/html | dir/2016/09/29/2016092902901.html

윤수영(2015), "화장품 한류의 미래, 바이오 화장품이 이끈다.", 〈LG Business Insight〉, 2015. 5. 27.

이종태·김상덕·송영욱(2009), "한국화장품 산업 유통 경로의 역사적 발전", 〈경영사학〉 24(4),

한국경영사학회.
임팩트북(2017), 〈2017 화장품 시장동향 및 전망〉, 임팩트, 2017. 8.
진정화(2011), "한국 뷰티서비스 산업의 현황과 예측", 대한피부미용학회지, 9(4).
한국보건산업진흥원(2016a), 〈2015년 화장품 제조·유통 조사〉, 2016. 12.
한국보건산업진흥원(2016b), 〈2016년 화장품 산업 분석보고서〉, 2016. 12.
한국콜마(2017), "화장품, 의약외품, 의약품, 이 세 가지의 차이는 무엇일까?", 마동이의 화장품탐구생활, http://blog.naver.com/madongeee, 2017. 12. 27. 접속
한양증권(2016), 〈화장품 2017년 전망: 해외 매출 확대에 주목〉, 한양증권 리서치센터, 2016. 12. 2.

Campaign(2017), "Diversity in beauty industry is 'big battle', L'Oreal says", 2017. 6. 9. p.8
Knowledge@Wharton(2002), "The Secret to Estee Lauder's Good Looks: Savvy Marketing and a Global Reach", 2002. 11. 6.
Knowledge@Wharton(2009), "The Economic Incentives of the 'Store-within-a-Store' Retail Model", 2009. 9. 2.

저자 소개

이인아

경희대학교 약학대학에서 약학박사를 취득하였으며, 현재 국립군산대학교 ONSE 대학 화학과에서 생화학, 생화학실험, 화장품화학을 강의하고 있다. 동대학의 융합기술창업학과와 산업대학원 글로벌뷰티산업학과에서도 겸임교수로 화장품 관련하여 강의하고 있다. 대한화학회 정회원, 대한약학회 평생회원, 대한화장품학회 정회원, 한국식품영양과학회 정회원, 한국한청학회 평생회원, 한국생활과학회 평이사로 활동하고 있다.

약용식물을 이용한

천연화장품 이해

저　　자　이인아
발 행 인　김지영
발 행 처　자유아카데미
주　　소　경기도 파주시 회동길 37-42
　　　　　파주출판도시
전　　화　031-955-1321
팩　　스　031-955-1322
홈페이지　www.freeaca.com
전자우편　main@freeaca.com (대표)
　　　　　editor@freeaca.com (편집)
　　　　　crm@freeaca.com (영업)
등　　록　제406-2003-017호, 1980. 7. 12
제1판1쇄　2023년 8월 30일 발행

저자와의
협의하에
인지생략

ISBN 979-11-5808-526-1　93590